U0325302

机械零部件测绘

丁小艺　陈嘉琳　主编

莫　兰　参编

哈尔滨工业大学出版社

内容简介

本书的教学内容主要是围绕测绘减速器来进行,同时穿插了互换性和公差配合等知识,通过学习与实训,学生能独立完成简单零件的测绘和图纸绘制工作。根据教学的要求,本书已有明确的典型工作任务、完整的课程标准和授课计划。全书由14个任务和15个附表组成。

本书可作为职业院校机械制造等相关专业的学生用书。

图书在版编目(CIP)数据

机械零部件测绘 /丁小艺,陈嘉琳主编. –哈尔滨:
哈尔滨工业大学出版社,2021.5
ISBN 978-7-5603-9489-3

Ⅰ.①机… Ⅱ.①丁… ②陈… Ⅲ.①机械元件—
测绘 Ⅳ.①TH13

中国版本图书馆CIP数据核字(2021)第109982号

策划编辑 闻 竹
责任编辑 李长波 谢晓彤
封面设计 灵 格
出版发行 哈尔滨工业大学出版社
社   址 哈尔滨市南岗区复华四道街10号 邮编 150006
传   真 0451-86414749
网   址 http://hitpress.hit.edu.cn
印   刷 哈尔滨市工大节能印刷厂
开   本 787mm×1092mm 1/16 印张 10 字数 210千字
版   次 2021年5月第1版 2024年2月第2次印刷
书   号 ISBN 978-7-5603-9489-3
定   价 68.00元

(如因印装质量问题影响阅读,我社负责调换)

前 言

　　"机械零部件测绘"是机电一体化和数控技术应用等相关专业所开设的一门主要的专业基础课程，根据机电一体化课程项目教学法的要求对该课程进行教学，是在前期"机械制图"课程的基础上，为让学生进一步巩固所学的知识而开设的课程。本书的教学内容主要围绕测绘减速器，同时穿插了互换性和公差配合等知识，通过学习与实训，学生能独立完成简单零件的测绘和图纸绘制工作。根据教学要求，本书已有明确的典型工作任务、完整的课程标准和授课计划。

　　在学习过程中，学生综合运用机械设计基础、机械制造基础的知识和绘图技能，完成传动装置的测绘与分析。通过这一过程全面认识一个机械产品所涉及的结构、强度、制造、装配以及表达等方面的专业知识，培养学生综合分析和实际解决工程问题的能力，培养团队协作精神。

　　本书由丁小艺、陈嘉琳主编，莫兰参编。

　　由于编者水平所限，书中的疏漏和不妥之处在所难免，敬请读者批评指正。

编　者

2020 年 12 月 28 日

目 录

任务一　减速器的工作原理

【学习目标】

1. 说出常见减速器的种类
2. 对照装配图，分析减速器的功能、组成、工作原理和各主要零部件的功用
3. 会拆装减速器上的零部件，准确说出其主要零部件的名称和标准件的名称

【任务引入】

减速器是安装在原动机（如电动机）和工作机械（如搅拌机）之间，用于降低转速和改变扭矩的独立的传动部件。减速器由封闭在箱体内的圆柱齿轮、锥齿轮或蜗轮蜗杆等多种传动形式来实现减速。根据不同的分级传动情况，可分为单级、双级和三级减速器。图1-1为双级圆柱齿轮减速器。

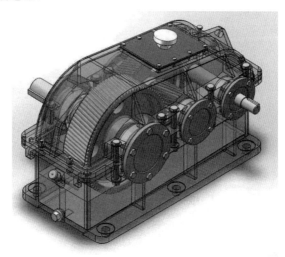

图 1-1　双级圆柱齿轮减速器

【任务分析】

大家打开减速器的箱盖，分析我们将要测绘的减速器属于哪种减速器，它是如何实现减速的？

【任务实施】

一、认识减速器的常用种类

减速器种类繁多，但其基本结构有很多相似之处，其分类方法一般有以下几种：

（1）按传动类型可分为圆柱齿轮减速器（图 1-2（a））、圆锥齿轮减速器（图 1-2（b））、蜗杆减速器（图 1-2（c））、行星齿轮减速器、摆线针轮减速器和谐波齿轮减速器等。

（2）按传动比级数可分为单级减速器和多级减速器，其中双级减速器按齿轮在箱体内的布置方式不同又分为展开式、分流式、同轴线式和中心驱动式减速器。

（3）按轴在空间的相对位置可分为卧式减速器和立式减速器。

（a）圆柱齿轮减速器　　　　　　　　　　（b）圆锥齿轮减速器

（c）蜗杆减速器

图 1-2　齿轮减速器

二、学习减速器的工作原理

在图 1-1 所示的双级圆柱齿轮减速器中，来自原动机的动力通过小齿轮（主动轮 Z_1）

所在的轴（主动轴，即齿轮轴）输入，再由小齿轮将动力传递给大齿轮（从动轮 Z_2）及其所在的轴（从动轴）后，便可将减速后的动力输出至工作机械。主动轴及从动轴伸出减速器箱外的轴伸处可通过带传动等形式输入和输出动力。

减速器的减速功能是通过相互啮合的齿轮的齿数差异来实现的，表征减速器减速功能的特征参数是传动比 i，它的表达式是

$$i = \frac{n_1}{n_2} = \frac{Z_2}{Z_1}$$

式中，Z_1、Z_2 分别表示主动轮、从动轮的齿数；n_1、n_2 分别表示主动轮、从动轮的转速。传动比 i 越大，转速降低得越多。

三、认识减速器各部分装置及其作用

图 1-3 所示为双级减速器的轴测分解图，由图可知，减速器最重要的组成部分是两对齿轮及三个轴系组成的传动系统。除此之外，我们还要认识一下其他部分装置。

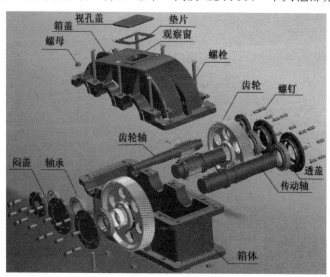

图 1-3 双级减速器的轴测分解图

1. 减速器的润滑方式

在减速器工作状态下，凡有相对运动的表面必须采取润滑措施，例如，齿轮的齿面和滚动轴承的内部。

齿轮的润滑方式有很多种，在双级圆柱齿轮减速器中，一般采用浸油润滑。在减速器箱体内装有润滑油，大齿轮运转时，轮齿齿面上饱蘸的油剂即可被带到小齿轮的齿面上，以保证两齿轮在良好的润滑状态下啮合传动。直齿圆柱齿轮减速器内装有三对滚动轴承，根据其承载情况，通常选用深沟球轴承。但是装在三个轴上的三对轴承的润滑方式却不尽

相同。当浸入油剂中的大齿轮运转时，油剂可沿大齿轮的两端面流入两边的轴承中，使轴承得以润滑；而小齿轮未浸入油池中，油剂不能沿小齿轮的两端面流入两边的滚动轴承内。所以，小齿轮所在的齿轮轴两端的轴承只能采用润滑脂润滑，即将膏质的润滑脂填入轴承内进行润滑。考虑到可能有少量的油剂飞溅流入轴承内，故在小齿轮两端与两轴承之间分别设置了挡油环，以防止油剂稀释轴承内的润滑脂。

2. 密封装置

为防止箱体内的润滑油由两轴伸处渗漏，在透盖内开有一梯形沟槽，装配时需在沟槽内填入毡圈，设置毡圈还可防止灰尘等异物由轴伸处进入箱体内。测绘时，透盖内孔中的梯形沟槽尺寸不便量取，可参照表 1-1 确定。

表 1-1　毡圈和槽的形式和尺寸（JB/ZQ 4606—1997）

| 轴径 | 毡圈 | | | | 槽 | | | | |
| d | D | d_1 | B | D_0 | d_0 | b | δ_{min} | | |
							钢	铸铁
15	29	14	6	28	16	5	10	12
20	33	19		32	21			
25	39	24	7	38	26	6	12	15
30	45	29		44	31			
35	49	34		48	36			
40	53	39		52	41			
45	61	44	8	60	46	7		
50	69	49		68	51			
55	74	53		72	56			
60	80	58		78	61			
65	84	63		82	66			
70	90	68		88	71			
75	94	73		92	77			
80	102	78	9	100	82	8	15	18
85	107	83		105	87			
90	112	88		110	92			

此外，需采取密封措施的部位还有箱体和箱盖的结合面，开合处骑缝的两个大孔中装有轴承。两个大孔是在结合面上不放置垫片的状态下组合镗削的，为保证轴承装入座孔中能正常工作，除了对结合面的平面度提出公差要求外，还必须在装配时将密封胶涂覆于结合面上，以保证其密封性。

3. 定位装置

为保证每次拆装箱盖时，仍能保证轴承座孔加工时的精度，不致出现两组半圆孔错位而不能复原的现象，需在精加工轴承孔前，在箱盖和箱体连接的凸缘上配作销孔并装入定位销。

4. 油标装置

油标装置位于减速器箱体的右侧面的居中位置，由油面指示片、镜片及油标盖等零件组成。油标是为观察润滑油的液面高度而设置的，以便及时了解润滑油的损耗情况。液面的正常高度应保证大齿轮下部的浸入深度在 1～2 个齿高之间，油位的上、下极限线刻制在油面指示片上。

5. 换油装置

箱体油池内的齿轮油需定期排放污油、清洗并注入新油。为此，油池底面铸成向一端倾斜的斜面，并在低位端的居中位置上钻有排油孔且制备了螺纹，以便排放污油并清洗油池后拧入螺塞。

6. 观察窗和透气装置

拆去减速器箱盖上方的视孔盖等，即可看到两齿轮啮合处上方箱盖上开有方形窗口，该方形窗口称为观察窗。它主要用来检查齿轮啮合的情况。例如，减速器完成装配后，在试运转中需进行齿轮啮合状态下的侧隙和接触斑点的检查；工作中出现异常噪声时观察其齿面间有无异物、是否已过度磨损等，均可在不卸下箱盖的情况下由该窗口观察和操作。观察窗还可用来添加润滑油或换油后注入新油。在观察窗上的视孔盖上装有一透气塞，在透气塞的轴向钻了一个较深的孔，使之与侧面上所钻的孔连通，以便引排减速器内腔由于齿轮运转摩擦发热而引起的高压气体。

7. 起吊装置

当减速器的总质量超过 25 kg 时，应设置起吊装置，以便搬运和拆装。起吊钩通常位于箱体凸缘的下方。

四、拆卸减速器

减速器由传动、润滑等系统及多种特定功能的装置组成，它是制图测绘实训中较为复杂的装配体，因此，在拆卸前务必认真了解测绘所用减速器各组成部分的功用及各零件之间的装配关系。

1. 拆卸零部件时的注意事项

（1）拆卸部件前要仔细分析装配体的结构特点、装配关系和连接方式，根据连接情况采用合理的拆卸方法，并注意拆卸顺序。对精密或重要的零件，拆卸时应避免重击。

（2）对于不可拆零件（焊接件、铆接件、镶嵌件或过盈配合连接等）不应拆开；对于精度要求较高的过渡配合处、过盈配合处或不拆也可测绘的零件，尽量不拆，以免降低机器的精度或损坏零件而无法复原；对于标准部件（如滚动轴承或油杯等）也不能拆卸，查有关标准即可。

（3）对于部件中的一些重要尺寸，如零件间的相对位置尺寸、装配间隙和运动零件的极限位置尺寸等，应先进行测量，以便重新装配部件时，保持原来的装配要求。

（4）对于较复杂的装配体，拆卸零件时，应边拆边登记编号，并按顺序排列零件，套上用细铁丝和硬纸片制成的号签，注写编号和零件名称，妥善保管，避免零件损坏、生锈或丢失。对螺钉、键、销等容易散失的细小零件，拆卸后仍装在原来的孔、槽中，以免丢失和装错位置，标准件应列出细目。

2. 常用的拆卸工具

在拆卸部件时，为了不损坏零件和影响精度，应在分析装配体结构特点的基础上，选用合适的工具逐步拆卸。常用拆卸工具见表1-2。

表1-2　常用拆卸工具

扳手	（a） （b） （c）　　　　　　　（d）	（a）活扳手 可扳动一定范围内的六角头或方头螺栓、螺母 （b）呆扳手 用于紧固、拆卸一种或两种规格的螺栓、螺母 （c）梅花扳手 用于工作空间狭小、不能容纳活/呆扳手的场合 （d）内六角扳手 用于紧固或拆卸内六角螺钉
虎钳	（a）　　　（b）　　　（c）	（a）钢丝钳 用于夹持小零件，剪断或弯曲金属丝 （b）尖嘴钳 在狭小的工作空间内操作 （c）挡圈钳 供装、拆弹性挡圈用

续表

旋具	 （a） 	（b）	（a）一字形旋具 （b）十字形旋具
钳工锤和冲子	 （a） 	（b）	（a）钳工锤 有钢制和木制两种 （b）冲子 用于拆卸圆柱销或圆锥销

3. 拆卸减速器

减速器的拆卸步骤：

（1）看懂装配图，了解装配关系、技术要求和配合性质。

（2）看外形，记位置。

（3）拆卸螺栓、螺钉、定位销，打开上盖。

（4）转动传动轴观看齿轮的啮合传动。

（5）看记轴结构，分拆小件，并标记拆卸次序。

旋松并取出螺栓→取出圆柱销→卸下箱盖→抽出闷盖、调整环→上抬齿轮轴及其轴系使之脱离箱体→取下键→退出透盖→……

至此，主动轴上还剩一对滚动轴承和一对挡油环，考虑轴承内圈与轴颈的配合一般较紧（通常为过渡配合），是否继续拆下轴承零件，可由组合在一起的零件的各部分尺寸是否可以测量来决定。

教师可在现场指导学生们完成其他部分的拆卸。

【任务拓展】

1. 齿轮传动的应用特点有哪些？

2. 齿轮传动的基本要求有哪些？

3. 二级齿轮减速器中有哪些标准件？

4. 简述减速器的工作原理，并举例说明实际生活或生产中减速器的使用实例。

5. 简述减速器的拆卸步骤。

6. 已知相啮合的一对标准直齿圆柱齿轮，模数 $m = 4\ \text{mm}$ ，主动轮转速 $n_1 = 900\ \text{r/min}$ ，从动轮转速 $n_2 = 300\ \text{r/min}$ ，中心距 $a = 200\ \text{mm}$ ，求齿数 Z_1 和 Z_2 。

【任务评价】

1. 能否准确地说出减速器的各部分名称，并简单叙述减速器的工作原理。

2. 能否按要求对减速器进行拆卸，并准确分析出哪些是标准件。

任务二　技术测量的基本知识

🔧【学习目标】

1. 能根据被测零件的特点选用正确的测量方法进行测量
2. 能说出常用的测量工具的使用方法，正确使用测量工具进行测量

🔧【任务引入】

在实际生产中，设计新产品（或仿制）时，需要测量同类产品的部分或全部零件，供设计时参考；机器或设备维修时，如果某一零件损坏，在无备件又无图样的情况下，也需要测量损坏的零件，画出图样以满足修配时的需要。因此，掌握正确的测量方法和技术是工程技术人员必须具备的一项重要的基本技能。

🔧【任务分析】

对学生们而言，机械零部件测绘实践是制图课程学习后的综合运用和全面训练，也是在实践中培养其动手能力和理论联系实际的有效方法。

通过学习测量的基本知识，学生能否会使用常用的测量工具对减速器的传动轴系零件进行准确的测量，绘制出准确的图样。

🔧【任务实施】

一、技术测量的基本知识

测量就是将被测的几何量与具有计量单位的标准量进行比较的实验过程。任何一个完整的测量过程都包括测量对象（长度、角度、表面质量、几何形状和相互位置等）、计量单位、测量方法（指测量工具和测量条件的综合）和测量精度（指测量结果与真值的符合程度）四个要素。

检验是与测量相似的一个概念，通常只需确定被测几何量是否在规定的极限范围之内，从而判定零件是否合格，而不需要确定量值。

1. 计量的单位

为了保证测量的正确性，必须保证测量过程中测量单位的统一，为此我国以国际单位制为基础确定了法定计量单位。我国的法定计量单位中，长度计量单位为米（m），平面角的角度计量单位为弧度（rad）和度（°）。在机械制造中，长度计量单位一般用毫米（mm），在精密测量中，长度计量单位采用微米（μm），超精密测量中采用纳米（nm）。长度计量单位和角度计量单位的换算关系分别见表 2-1 和表 2-2。

表 2-1　长度计量单位的换算关系

单位名称	符号	与基本单位的关系
米	m	基本单位
毫米	mm	$1\ mm = 10^{-3}\ m(0.001\ m)$
微米	μm	$1\ \mu m = 10^{-6}\ m(0.000\ 001\ m)$
纳米	nm	$1\ nm = 10^{-9}\ m(0.000\ 000\ 001\ m)$

表 2-2　角度计量单位的换算关系

单位名称	符号	单位换算关系
度	°	基本单位 $1° = (\pi/180)rad = 0.017\ 453\ 3\ rad$
分	′	$1° = 60′$
秒	″	$1′ = 60″$
弧度	rad	基本单位 $1\ rad = (180/\pi)° = 57.295\ 779\ 51°$

2. 测量方法的分类

测量方法是指进行测量时所采用的测量原理、测量工具和测量条件的总和。测量方法可以按不同的形式进行分类。

（1）按实测量是否为被测量分类。

① 直接测量。直接测量是指直接用测量工具或量仪测出被测几何量值的一种方法。图 2-1 所示为用游标卡尺测量长度尺寸 L。

直接测量又分为绝对测量和相对测量。

绝对测量是指从测量工具或量仪上直接读出被测几何量数值的方法。图 2-2 所示为游标卡尺测量轴径，可直接从游标卡尺上读出尺寸值。

相对测量（比较测量或微差测量）是指通过读取被测几何量与标准量的偏差来确定被测几何量数值的方法。

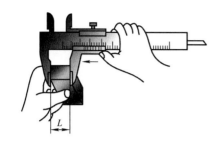

图 2-1　直接测量

图 2-2　绝对测量

② 间接测量。间接测量是指先测出与被测几何量相关的其他几何参数，再通过计算获得被测几何量数值的方法。

如图 2-3 所示，若要测得两孔的中心距 L，可先测出 L_1 和 L_2，然后再计算出孔的中心距。

$$L = \frac{L_1 + L_2}{2}$$

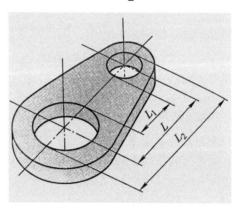

图 2-3　间接测量

（2）按同时测量被测参数的数量分类。

① 单项测量。单项测量是指在一次测量中只测量一个几何量的量值。图 2-2 所示测量可看作单项测量。

② 综合测量。综合测量是指在一次检测中可得到几个相关几何量的综合结果，以判断工件是否合格。如用螺纹量规综合检验螺纹的合格性。

另外，测量方法还可分为接触与非接触测量、主动与被动测量、动态与静态测量等。

3. 测量工具的基本计量参数

测量工具的计量参数是反映其性能和功用的指标，是选择和使用测量工具的主要依据。其基本计量参数如下：

（1）刻度间距 C。

刻度间距是指测量工具的标尺或刻度盘上两相邻刻度线中心的距离（一般在 1～2.5 mm 之间）。

（2）分度值 i（刻度值）。

分度值是指测量工具的标尺或刻度盘上每一小格所代表的测量值。一般分度值越小，测量工具的测量精度越高。

（3）示值范围。

示值范围是指测量工具的标尺或刻度盘上所指示的起始值到终了值的范围。

（4）测量范围。

测量范围是指测量工具能测出的被测量的最小值到最大值的范围。

（5）示值误差。

示值误差是指测量工具的指示值与被测量的真值之差值。

（6）校正值（修正值）。

校正值是指为了消除测量工具示值误差的影响，加到测量结果上的数值。它与示值误差大小相等，符号相反。

4．测量误差

任何测量过程，无论采用如何精密的测量方法，其测得值都不可能等于几何量的真值；即使测量条件相同，对同一被测几何量重复进行多次的测量，其测得值也不完全相同，只能与其真值近似。这种由于测量工具本身的误差和测量条件的限制而使测量结果与真值之间形成的差值称为测量误差。

测量误差产生的原因有很多，归纳起来主要有以下几种：

（1）测量工具误差。

测量工具误差是由于测量工具本身在设计、制造、装配和使用调整上的不准确而引起的误差。这些误差综合表现为示值误差和示值的稳定性。

（2）方法误差。

方法误差是指测量方法不完善所引起的误差，如计算公式不准确、测量方法选择不当、工件安装定位不准确引起的测量误差。

（3）环境误差。

环境误差是指测量时，测量环境不符合标准状态而引起的测量误差。影响测量环境的因素有温度、湿度、气压、振动、灰尘等，其中温度对测量误差的影响最大。

（4）人员误差。

人员误差是由测量人员主观因素和操作技术水平引起的误差。例如，测量人员使用测量工具的方法不正确，对示值的分辨能力和对仪器的调节能力不强等因素引起的测量误差。

测量误差是不可避免的。在实际生产中，只要根据被测量的精度要求，合理选用测量工具、测量方法及环境，准确操作，将测量误差控制在一定范围内，就可以满足测量精度的要求。

二、认识常用的测量工具

1. 钢直尺

钢直尺用来测量长度尺寸，如图2-4所示，量出的尺寸可直接在钢直尺的刻度上读出，精度为1 mm。

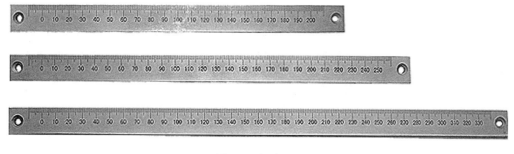

图2-4 钢直尺

2. 游标测量工具

游标测量工具是一种常用测量工具，具有结构简单、使用方便、测量范围大等特点。常用的长度游标测量工具有游标卡尺、游标深度尺和游标高度尺等，它们的读数原理相同，只是在外形结构上有所差异。游标卡尺如图2-5所示。

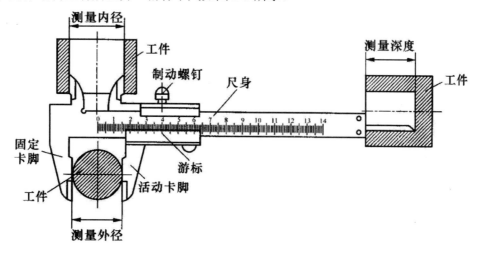

图2-5 游标卡尺

游标卡尺通常用来测量零件的长度、厚度、内外径、槽的宽度及深度等。

3. 外径千分尺

外径千分尺（简称千分尺）主要用途是测量工件的外径和外尺寸。常用的千分尺有普通式、带表式和数显式。普通千分尺如图 2-6 所示。

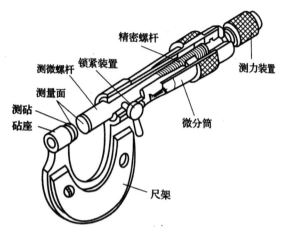

图 2-6　普通千分尺

4. 螺纹样板

检查低精度螺纹工件的螺距与牙型角时，可采用螺纹样板（又称螺纹规），如图 2-7 所示，先选一片与其数值相同的螺纹样板在被测螺纹上进行试卡，若吻合，则说明被测螺纹的螺距合格；如果样板牙型与被测螺纹的牙型表面不密合，可换一个与之尺寸相近的螺纹样板试卡，直到密合为止，此时所用的样板标出的螺距即为被测螺纹的实际螺距。

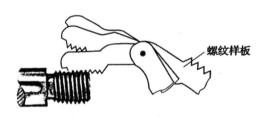

图 2-7　螺纹规

【任务拓展】

1. 一个完整的测量过程包括_____、_____、_____和_____。

2. 测量方法的分类：按测量时实测量是否为被测量分为_____测量和_____测量，而直接测量又分为_____测量和_____测量；按同时测量的被测参数的数量分为_____测量和_____测量。

3. 测量范围是指测量工具能测出的被测量的_____到_____的范围。

4. 测量误差产生的原因主要有_____、_____、_____和_____等。

5. 游标卡尺由_____、_____、_____、_____、_____和_____等组成。

6. 游标卡尺常用来测量零件的_____、_____、_____、_____及_____等。

7. 检验与测量相比，其最主要的特点是（　　）。

A．检验适合大批量生产

B．检验所使用的测量工具比较简单

C．检验只判定零件的合格性，而无须得出具体量值

D．检验的精度比较低

8. 关于间接测量法，下列说法中错误的是（　　）。

A．测量的是与被测尺寸有一定函数关系的其他尺寸

B．测量工具的测量装置不直接和被测工件表面接触

C．必须通过计算获得被测尺寸的量值

D．用于不便直接测量的场合

9. 关于相对测量，下列说法中正确的是（　　）。

A．相对测量的精度一般比较低

B．相对测量时只需用量仪即可

C．测量工具的测量装置不直接和被测工件的表面接触

D．测量工具所读取的是被测几何量与标准量的偏差

10. 用游标卡尺测量工件的轴径尺寸属于（　　）。

A．直接测量、绝对测量　　　　B．直接测量、相对测量

C．间接测量、绝对测量　　　　D．间接测量、相对测量

11. 测量工具能准确读出的最小单位数值就是测量工具的（　　）。

A．校正值　　　　　　　　B．示值误差

C．分度值　　　　　　　　D．刻度间距

12. 分度值和刻度间距的关系是（　　）。

A．分度值越大，则刻度间距越大

B．分度值越小，则刻度间距越小

C．分度值与刻度间距成反比

D．分度值的大小与刻度间距的大小没有直接联系

13. 直接测量和间接测量有什么区别？

14. 绝对测量和相对测量有什么区别？

15. 简述测量误差产生的原因。

【任务评价】

1. 能否说出常用的测量工具的名称。

2. 能否正确区分直接测量和间接测量的方法，能否准确叙述绝对测量和相对测量的方法。

3. 能否说出测量误差产生的原因。

任务三 学习游标卡尺的使用和读数方法

■ 【学习目标】

    1. 能说出三用游标卡尺的各部分结构名称

    2. 能正确使用游标卡尺测量长度、深度、外径、内径等

    3. 能正确读出游标卡尺的测量读数

■ 【任务引入】

    在"机械零部件测绘"这门课程中，游标卡尺是最常用的一种测量工具，可以测量长度、深度、外径、内径等，在本次学习中，我们主要学习游标卡尺的使用和读数方法。

■ 【任务分析】

    通过学习，要求我们能理解游标卡尺的读数原理，使用游标卡尺进行正确的测量和读数。

■ 【任务实施】

一、游标卡尺的结构和用途

游标卡尺的结构和种类较多，最常用的三种游标卡尺的结构和测量指标见表 3-1。

表 3-1 最常用的三种游标卡尺的结构和测量指标

种类	结构图	测量范围 /mm	分度值 /mm
三用游标卡尺（Ⅰ型）		0～125 0～150	0.02 0.05

续表

种类	结构图	测量范围 /mm	分度值 /mm
双面游标卡尺 （Ⅲ型）		0～200 0～300	0.02 0.05
单面游标卡尺 （Ⅳ型）		0～200 0～300	0.02 0.05
		0～500	0.02 0.05 0.10
		0～1 000	0.05 0.10

从结构图中可以看出，游标卡尺的主体是一个刻有刻度的尺身，其上有固定测量爪。尺框上有活动测量爪，并装有带刻度的游标和紧固螺钉。有的游标卡尺为了调节方便还装有微动装置，在尺身上滑动尺框，可使两测量爪的距离改变，以完成对不同尺寸的测量。游标卡尺通常用来测量零件的长度、厚度、内外径、槽的宽度及深度等，如图3-1～3-3所示。

图 3-1　测外径　　　　　　　　　　图 3-2　测内径

图 3-3　测孔深

二、游标卡尺的刻线原理和读数方法

1. 游标卡尺的刻线原理

游标卡尺的读数部分由尺身与游标组成。其原理是利用尺身刻度间距和游标刻度间距之差来进行小数读数，即利用主尺的最小分度与游标的最小分度的差值制成，也称为错位放大原理。

不同分度的游标卡尺如图 3-4 所示，游标卡尺的分度值有 0.02 mm、0.05 mm 和 0.1 mm。

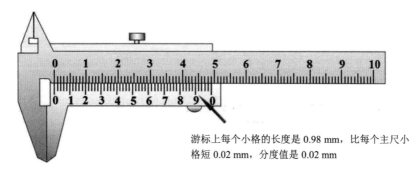

游标上每个小格的长度是 0.98 mm，比每个主尺小格短 0.02 mm，分度值是 0.02 mm

（a）50 分度的游标卡尺

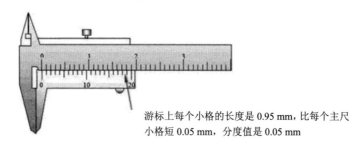

游标上每个小格的长度是 0.95 mm，比每个主尺小格短 0.05 mm，分度值是 0.05 mm

（b）20 分度的游标卡尺

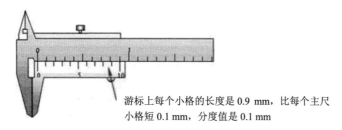

游标上每个小格的长度是 0.9 mm，比每个主尺小格短 0.1 mm，分度值是 0.1 mm

（c）10 分度的游标卡尺

图 3-4　不同分度的游标卡尺

以分度值为 0.02 mm 的游标卡尺为例，游标上 49 mm 刻 50 格，0.98 mm/格，即尺身刻度线和游标刻度线每格相差 0.02 mm，这个差值也称为游标卡尺的精确度。

2. 使用游标卡尺的注意事项

（1）在使用游标卡尺测量之前，要仔细检查游标卡尺的刻度线和数字是否清晰，游标卡尺的"0"刻度线是否准确。游标卡尺刻线原理如图 3-5 所示，游标卡尺左边第一条刻度线与尺身的"0"刻度线应对齐，游标卡尺的最末一条刻度线与尺身相应刻度线也要对齐。

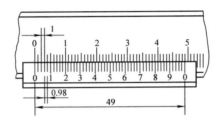

图 3-5　游标卡尺刻线原理

（2）用测量爪卡紧物体时，用力不能太大，否则会使测量结果不准确，并容易损坏游标卡尺。测量时，游标卡尺不宜在物体上随意滑动，防止测脚面磨损，并在卡尺处于测量的状态下读出测量值，然后轻拉（测量外尺寸时）或轻推（测量内尺寸时）尺框，使测量爪离开被测面，再小心地将游标卡尺退出。图 3-6 所示为游标卡尺测量内、外尺寸实例。

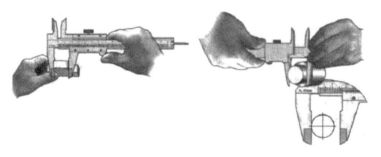

（a）测量外尺寸

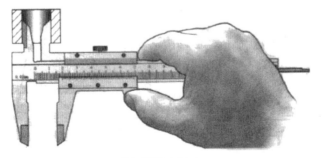

（b）测量内尺寸

图 3-6　游标卡尺测量内、外尺寸实例

（3）游标卡尺使用完毕，要擦拭干净，将两尺"0"刻度线对齐，检查零点误差是否有变化，再小心地放入游标卡尺专用盒内，存放在干燥的地方。

3. 游标卡尺的读数方法

用游标卡尺读数时，其读数方法和步骤：

（1）根据游标"0"刻度线所处位置读出尺身在游标"0"刻度线前的整数部分的读数值。

（2）判断游标上第几条刻度线与尺身上的刻度线对准，用游标刻度线的序号乘以该游标测量工具的分度值即可得到小数部分的读数值。

（3）最后将整数部分的读数值与小数部分的读数值相加，即为整个测量结果。

4. 游标卡尺的读数示例

（1）如图 3-7（a）所示，游标的"0"刻度线落在尺身的 13 mm 和 14 mm 之间，因而整数部分的读数值为 13 mm。

（2）游标的第 12 条刻度线与尺身的一条刻度线对齐，因而小数部分的读数值为 0.02×12=0.24 mm。

（3）最后将整数部分的读数值与小数部分的读数值相加，所以被测尺寸为 13.24 mm。

同理，如图 3-7（b）、（c）所示，被测尺寸分别为 20+1×0.02=20.02 mm；23+45×0.02=23.90 mm。

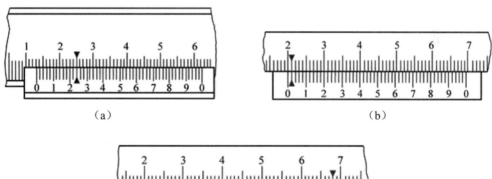

（a）　　　　　　　　　　　　　　　（b）

（c）

图 3-7　游标卡尺读数示例

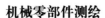

【任务拓展】

实操训练——使用游标卡尺测量

一、实训目的

掌握游标卡尺的使用方法，测量零件的实际（组成）要素的尺寸。

二、被测工件

被测工件如图 3-8 所示。

图 3-8　被测工件

三、测量工具

测量工具为游标卡尺。

四、测量工具的维护与保养

正确维护与保养游标卡尺对保持其精度和使用寿命具有重要作用。正确的方法：

1. 不要把游标卡尺的测量爪尖当作划针、圆规和螺钉旋具（改锥）使用。

2. 不要把游标卡尺当作钩子使用，也不要作为其他工具使用。

3. 用完游标卡尺后，用干净棉丝擦净，放入盒内固定位置，然后存放于干燥、无酸、无振动、无强力磁场的地方。没有装盒的游标卡尺严禁与其他工具放在一起，以防受压或磕碰而造成损伤。

4. 不要用砂纸、纱布等硬物擦拭游标卡尺的任何部位，非专职修理测量工具人员不得拆卸游标卡尺。

5. 游标卡尺应定期送计量室（或计量站）检定，以免因其示值误差超差而影响测量结果。

五、测量方法与步骤

1. 检查游标卡尺，校对"0"刻度线。

2. 去除工件上的毛刺，用干净抹布擦去污物。

3. 测量外尺寸：先拉动尺框，使两个外测量爪的测量面之间分隔的距离略大于被测尺寸，将被测工件的被测部位送入游标卡尺两测量面之间，或将两个测量爪轻卡在测量部位上，再慢慢推动尺框，使两测量面与被测表面接触。当两测量面与被测表面接触紧密后，即可读数。

六、读数方法

简述游标卡尺的读数方法，并确定图 3-9 所示各游标卡尺的读数。

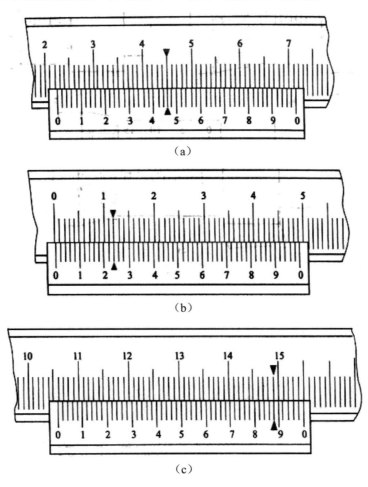

图 3-9　游标卡尺读数

完成测量，将有关数据填入表 3-2。

表 3-2 任务完成评价考核表

测量项目		实测			平均值
		1	2	3	
外尺寸	1				
	2				
	3				
	4				
	5				
	6				
内尺寸	1				
	2				
	3				
	4				
深度尺寸	1				
	2				
	3				

【课后拓展】

1. 三用游标卡尺由尺身、内测量爪、_____、_____、_____和_____等组成。

2. 游标卡尺的分度值有_____mm、_____mm 和_____mm 三种。

3. 深度尺主要用于测量孔、槽的_____和台阶的_____，高度尺主要用于测量工件的_____尺寸或进行_____。

4. 分度值为 0.02 mm 的游标卡尺，当读数为 42.18 mm 时，游标上第 9 条刻度线应对齐尺身上（   ）mm 的刻度线。

   A. 24   B. 42   C. 51   D. 60

5. 分度值为 0.02 mm 的游标卡尺，当游标上的"0"刻度线对齐尺身上 15 mm 的刻度线，游标上第 50 条刻度线与尺身上 64 mm 的刻度线对齐，此时的读数值为（   ）。

   A. 15 mm+0.02×50 mm=16 mm   B. 15 mm

   C. 64 mm   D. 64 mm-50 mm=14 mm

6. 用游标卡尺的深度尺测量槽深时，尺身应（   ）槽底。

   A. 垂直于   B. 平行于   C. 倾斜于

7．关于游标卡尺的应用，下列说法中正确的是（　　　）。

　　A．三用游标卡尺通常只能用来测量零件的长度、厚度和内外径尺寸

　　B．双面游标卡尺不仅可以测量长度、厚度、内外径，还可以测量槽的宽度及深度

　　C．深度尺主要用于测量孔、槽的深度，不能测量台阶的高度

　　D．高度尺不但能测量工件的高度尺寸，还能进行画线

8．简述分度值为 0.02 mm 的游标卡尺的刻线原理。

9．使用游标卡尺时应注意哪些事项？

【任务评价】

1．能否正确使用游标卡尺进行内、外径尺寸和深度尺寸的测量。

2．能否区分游标卡尺的不同的分度值和测量精度。

3．能否正确读出游标卡尺的读数。

任务四 测绘端盖

【学习目标】

1. 能正确使用游标卡尺对端盖的直径、宽度、深度进行测量
2. 能根据端盖的结构特点选择正确的视图表达方案
3. 能正确标注零件的尺寸
4. 能根据零件的工作特点，正确表达技术要求

【任务分析】

减速器除了齿轮和轴系组成的传动系统外，还有其他零件，现在我们以图 4-1 所示端盖为例来完成测绘学习。在测绘的过程中，先画出零件草图，零件草图应力求与零件工作图相同。画出零件草图后，再测量零件的尺寸，在草图上标注尺寸，完成草图的绘制。

图 4-1　端盖

【任务步骤】

一、选择表达方案，绘制草图（草图仅作参考）

端盖零件采用一个基本视图表达，主视图按加工位置选择，轴线水平放置，采用半剖视图表达，同时把内部结构和外部形状表达清楚。通过视图可知该端盖为有同一轴线的回转体，其整体轴向尺寸小于径向尺寸。端盖草图如图 4-2 所示。

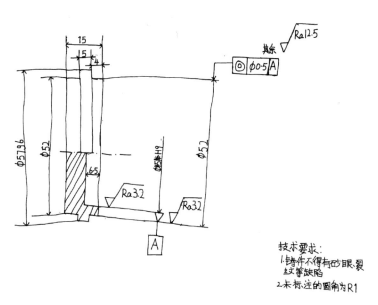

图 4-2　端盖草图

二、测量与标注尺寸

零件尺寸的测量方法见任务三。

零件草图画好以后，按零件形状考虑加工程序，确定尺寸基准，画出全部尺寸的尺寸界线、尺寸线和箭头。然后按尺寸线在零件上量取所需的尺寸，填写尺寸数值。必须注意：标注尺寸时，应在零件草图上将尺寸线全部画出并检查有无遗漏和是否合理以后，再用测量工具一次把所需的尺寸量好，填写数值，切记不可边画尺寸线边量尺寸。

三、确定材料和技术要求

1. 初定材料

常用金属材料的牌号及其用途见附表 1、附表 2，减速器中端盖是铸件，一般选用中等强度的灰铸铁，如 HT150。

2. 表面粗糙度的确定

不同应用场合的表面粗糙度参数值见附表 3，各种加工方法所能达到的 Ra 值见附表 4。齿轮箱与端盖的结合面（中间有垫片）选用 $Ra3.2\ \mu m$。

3. 配合要求

常用的优先配合选用说明见附表 5，传动轴与端盖支承孔采用基孔制配合（$\phi 45H9/d9$），齿轮箱体与端盖采用基孔制配合（$\phi 57H7/g6$）。

【任务实施】

拆卸减速器并取出端盖，选择合适的测量工具与方法测量端盖，绘制端盖零件图，如图 4-3 所示。

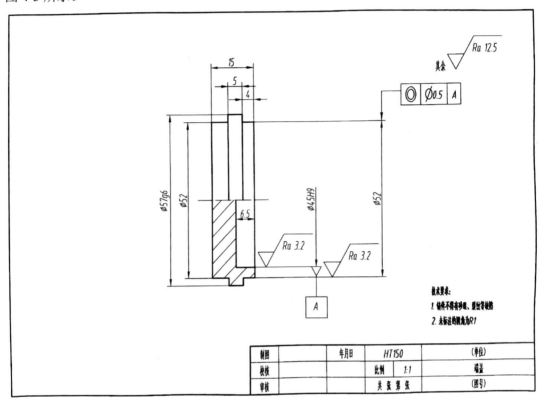

图 4-3　端盖零件图

【任务评价】

表 4-1　任务完成评价考核表

项次	考核项目	分值	评价标准	操作记录	得分
1	着装规范	5	酌情扣分		
2	作业前整理工位	5	不到位扣2分，未整理扣5分		
3	检查测量工具是否齐全	5	不到位扣5分		
4	正确摆放测量工具与零件	5	不到位扣5分		
5	正确使用测量工具，并正确读数	20	未正确使用或读数扣20分		

续表

项次	考核项目	分值	评价标准	操作记录	得分
6	零件图中视图的正确表达	10	酌情扣分		
7	零件图中尺寸标注正确、完整、清晰、合理（正确选择尺寸基准，合理选择尺寸标注）	20	酌情扣分		
8	零件图的技术要求	15	酌情扣分		
9	清洁整理测量工具	5	不到位扣5分		
10	遵守操作规程	10	跌落零件、损坏工具，扣2分/次，扣完为止		
	总分				

任务五　测绘传动轴

【学习目标】

1. 能正确使用游标卡尺对传动轴的直径、长度，键槽的长度、宽度、深度进行测量
2. 能根据传动轴的结构特点选择正确的视图表达方案
3. 能正确标注零件尺寸
4. 能根据零件的工作特点正确表达技术要求

【任务分析】

现在我们以减速器中的传动轴（图5-1）为例来完成测绘的学习。在测绘的过程中，先画出零件草图，零件草图应力求与零件工作图相同。画出零件草图后，再测量零件尺寸，在草图上标注，完成草图的绘制。

图 5-1　传动轴

【任务步骤】

一、选择表达方案，绘制草图（草图仅作参考）

传动轴零件属于旋转轴类零件，采用一个主视图和两个移出断面图表达，两个移出断面图主要是表示轴上的两处键槽的深度。传动轴零件草图如图5-2所示。

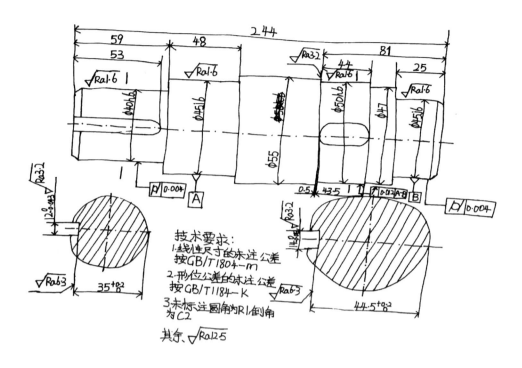

图 5-2　传动轴零件草图

二、尺寸标注

由装配关系可知，从动轴长度方向的主要尺寸基准宜选尺寸 81 左端所指的轴肩，并将 $\phi55$ 轴段的长度作为长度方向尺寸链的开口环，空开不注尺寸。

三、尺寸公差

有配合功能要求的尺寸应直接在装配关系中确定（如 $\phi40h6$，$\phi50h6$，$\phi45j6$）。键槽宽度和深度尺寸的公差由附表 6 中查取。

四、形位公差

图 5-2 草图中注出了两项形位公差要求。与轴承内圈相配合的轴颈的圆柱度公差 0.004 可由附表 7 查知，与齿轮轴孔相配的轴颈 $\phi50h6$ 的径向圆跳动公差 0.012，测绘中也可参照采用。

五、表面粗糙度

与轴承相配合的两轴颈（$\phi 45j6$）的表面粗糙度可按附表 8 查取 Ra 值。同等级公差的另两个配合尺寸（$\phi 40h6, \phi 50h6$）的表面也可照此选用。其他非配合表面可适当降低要求。

六、确定材料

常用金属材料的牌号及其用途见附表 1、附表 2，减速器中传动轴一般选用 45。

【任务实施】

拆卸减速器并取出传动轴，选择合适的工具与方法测量传动轴，绘制传动轴零件图，如图 5-3 所示。

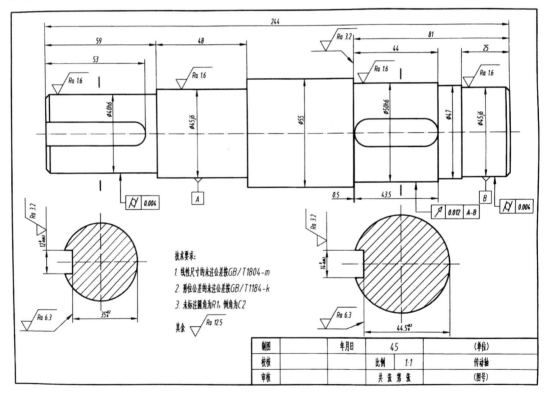

图 5-3　传动轴零件图

【任务评价】

表 5-1　任务完成评价考核表

项次	考核项目	分值	评价标准	操作记录	得分
1	着装规范	5	酌情扣分		
2	作业前整理工位	5	不到位扣 2 分，未整理扣 5 分		
3	检查测量工具是否齐全	5	不到位扣 5 分		
4	正确摆放测量工具与零件	5	不到位扣 5 分		
5	正确使用测量工具，并正确读数	20	未正确使用或读数扣 20 分		
6	零件图中视图的正确表达	10	酌情扣分		
7	零件图中尺寸标注正确、完整、清晰、合理（正确选择尺寸基准，合理选择尺寸标注）	20	酌情扣分		
8	零件图的技术要求	15	酌情扣分		
9	清洁整理测量工具	5	不到位扣 5 分		
10	遵守操作规程	10	跌落零件、损坏工具，扣 2 分/次，扣完为止		
总分					

任务六　测绘齿轮

【学习目标】

1. 能正确使用测量工具对齿轮的齿顶圆直径、齿根圆直径、宽度、深度等进行准确的测量

2. 能正确绘制齿轮的基本视图

3. 能正确标注零件的尺寸

4. 能根据零件的工作特点正确表达技术要求

【任务分析】

减速器除了齿轮和轴系组成的传动系统外，还有其他零件，现在我们以传动齿轮（图 6-1）为例来完成测绘学习。在测绘的过程中，先画出零件草图，零件草图应力求与零件工作图相同。画出零件草图后，再去测量零件尺寸，在草图上标注，完成草图的绘制。

图 6-1　传动齿轮

【任务步骤】

一、选择表达方案，绘制草图（草图仅作参考）

在减速器的传动系统中，齿数较多的大齿轮因其轮、轴直径悬殊，故常将齿轮与轴设计制成分离式。齿轮属回转体零件，传动齿轮零件草图如图 6-2 所示，用两个图形表达。

主视图选择齿轮的正面，通过两个相交的剖切平面剖切齿轮，反映齿轮的轮辐和内孔中的键槽结构。

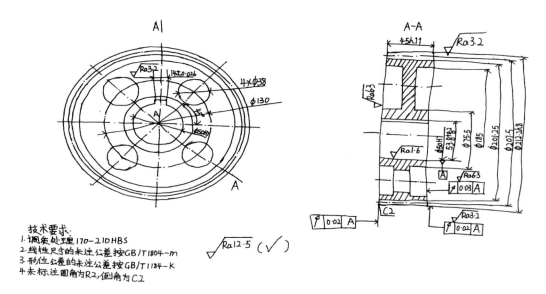

图 6-2　传动齿轮零件草图

二、测量与标注尺寸

画完齿轮草图后，即可按标准画出应注尺寸的全部尺寸界线、尺寸线，以及齿轮参数，再逐个测量并计算，确定各部分尺寸和参数，将其填入图中。

标注尺寸需注意以下几点：

（1）轮毂上的轴孔直径可从与其相配的轴颈上量取，圆整后的整数值即可确认为轴孔（和轴颈）的基本尺寸。

（2）分度圆直径与齿顶圆直径按表 6-1 计算确定，不得圆整。

表 6-1　直齿圆柱齿轮各几何要素尺寸的计算公式

名称	代号	计算公式
齿顶高	h_a	$h_a = m$
齿根高	h_f	$h_f = 1.25m$
齿高	h	$h = h_a + h_f = 2.25m$
分度圆直径	d	$d = mz$
齿顶圆直径	d_a	$d_a = d + 2h_a = m\,(z+2)$
齿根圆直径	d_f	$d_f = d - h_f = m\,(z-2.5)$
标准中心距	a	$a = (d_1 + d_2)\,/2 = m\,(z_1 + z_2)\,/2$

（3）齿根圆是加工齿轮过程中自然形成的，可不必注出。

（4）键槽尺寸不应标注实测值，应由附表6查取。

三、确定材料和技术要求

1. 初定材料

常用金属材料的牌号及其用途见附表1，一般选用优质碳素结构钢40。

2. 尺寸公差的选用

图6-2中有5处注出了尺寸公差，是分别考虑了以下因素选定的：

（1）轴孔。该孔与轴颈相配，过紧拆装不便，过松影响齿轮平稳性，增大噪声。为此，从附表8中选用最小间隙为零、中等偏高等级的间隙配合H7/h6，轴孔为基准孔H7。

（2）齿顶圆直径。该表面一般作为加工和检验的基准，故需选用较高公差等级h8。

（3）齿宽。由图可见，齿轮的轮缘与轮毂齐平，即齿宽等于轮毂宽。该尺寸虽无配合要求，但装配时却直接影响轴系上各零件的轴向定位，不宜采用过低的公差等级，故选用h11。

（4）键槽的宽度和深度。键槽的两个尺寸公差应从附表6查取。

3. 齿轮精度等级的选用

齿轮的精度等级应根据转速、传动比、负载等级等使用条件和要求取定。测绘实训中，在未设定使用条件和要求的情况下，可按普通减速器齿轮的较低级8级选用，并在参数表中注写"GB/T 10095.1—2008"。

4. 形位公差的标注

图中给出了圆跳动公差，是根据《渐开线圆柱齿轮图样上应注明的尺寸数据》（GB/T 6443—86）标注的。框格中注写的圆跳动公差值可供测绘时参照采用。

5. 表面粗糙度的选取及标注

齿轮上各表面的粗糙度参数值可参照附表9确定。

在齿轮图样上，除了上述技术要求外，其他要求可参照图6-2，以"技术要求"为标题给出在标题栏附近。这一内容也可以在绘制零件工作图时再进一步补充完善。

【任务实施】

拆卸减速器并取出齿轮，选择合适的工具与方法测量齿轮，绘制传动齿轮零件图，如图6-3所示。

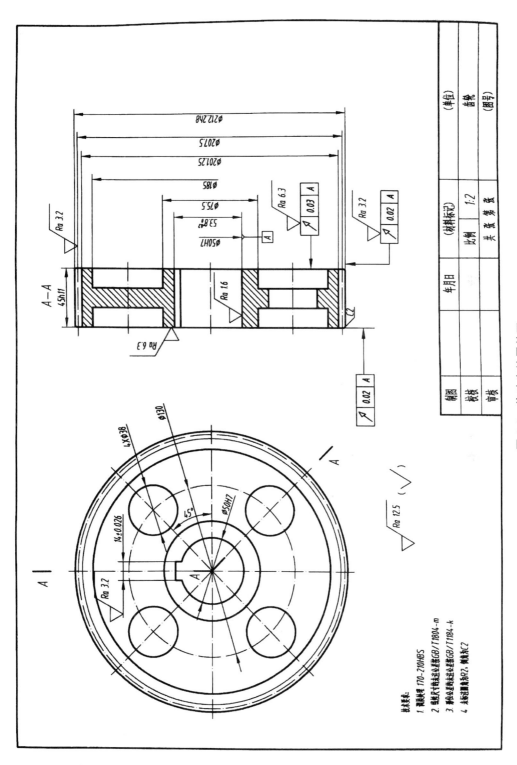

图6-3 传动齿轮零件图

【任务评价】

表6-2 任务完成评价考核表

项次	考核项目	分值	评价标准	操作记录	得分
1	着装规范	5	酌情扣分		
2	作业前整理工位	5	不到位扣2分，未整理扣5分		
3	检查测量工具是否齐全	5	不到位扣5分		
4	正确摆放测量工具与零件	5	不到位扣5分		
5	正确使用测量工具，并正确读数	20	未正确使用或读数扣20分		
6	零件图中视图的正确表达	10	酌情扣分		
7	零件图中尺寸标注正确、完整、清晰、合理（正确选择尺寸基准，合理选择尺寸标注）	20	酌情扣分		
8	零件图的技术要求	15	酌情扣分		
9	清洁整理测量工具	5	不到位扣5分		
10	遵守操作规程	10	跌落零件、损坏工具，扣2分/次，扣完为止		
总分					

任务七 认识互换性

【学习目标】

1. 能准确描述互换性的概念以及互换性在机械制造生产中的意义
2. 能准确描述零件加工几何量误差产生的原因

【任务引入】

互换性是现代化生产中的一个重要技术指标，普遍应用于机电设备的生产中。我们在生活中也能见到很多具有互换性的例子，大家能举出几个互换性的例子吗？

【任务分析】

根据实际生活和生产实例分析互换性原则的技术和经济意义。

【任务实施】

一、互换性的基本概念

在机械工业中，互换性是指在制成的同一规格的一批零件或部件中，任取其一，不需要做任何挑选、调整或辅助加工（如钳工修配）就能进行装配，并能满足机械产品的使用性能要求的一种特性。一批螺纹标记为 M10-6H 的螺母（图7-1（a）），如果都能与 M10-6g 的螺栓自由旋合，并且满足设计的连接可靠性要求，则这批螺母就具有互换性；又如车床上的主轴轴承（图7-1（b）），磨损到一定程度后会影响车床的使用，在这种情况下，换上一个相同代号的新轴承，主轴就能恢复原来的精度而达到满足使用性能的要求，这里轴承作为一个部件而具有互换性。

在日常生活中，互换性的例子也有很多。例如自行车的内、外胎破了，可以换上同规格的新胎，更换后仍可满足使用要求；又如电池没电了，换上一个同型号的新电池，电器就能正常使用。

互换性原则广泛用于机械制造中的产品设计、零件加工、产品装配、机器的使用和维修等各个方面。

（a）具有互换性的螺母　　　　　（b）具有互换性的主轴轴承

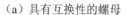

图 7-1　互换性实例

在使用和维修方面，互换性有其不可取代的优势。当机器的零部件突然损坏时，可迅速用相同规格的零部件更换，既缩短了维修时间，又能保证维修质量，从而提高了机器的利用率并延长机器的使用寿命。

在加工和装配方面，当零件具有互换性时，可以分散加工、集中装配，这样有利于组织跨地域的专业化厂际协作生产；有利于使用现代化的工艺设备，并可提高设备的利用率；有利于采用自动生产线等先进的生产方式；还可减轻劳动强度，缩短装配周期。

在设计方面，采用具有互换性的标准件和通用件可以使设计工作简化，缩短设计周期，并便于应用计算机辅助设计。

零部件的互换性既包括其几何参数（如尺寸、形状等）的互换，也包括其力学性能（如硬度、强度等）的互换。

二、几何量误差、公差和测量

要保证零件具有互换性就必须保证零件的几何参数的准确性（即加工精度）。零件在加工过程中，由于机床精度、测量工具精度、操作工人技术水平及生产环境等诸多因素的影响，其加工后得到的几何参数会不可避免地偏离设计时的理想要求而产生误差。这种误差称为零件的几何量误差。几何量误差主要包含尺寸误差、几何误差和表面微观形状误差等。

零件的几何量误差是否会使零件丧失互换性呢？实践证明，虽然零件的几何量误差可能影响到零件的使用性能，但只要将这些误差控制在一定的范围内，仍能满足使用功能的要求，也就是说仍可以保证零件的互换性要求。例如，铝壶及壶盖都是通过压力加工成型的，其加工精度较低。人们在挑选时，常常会将几个壶的盖子换来换去，以便选择自己认为松紧适当的壶盖。而事实上，这些壶盖和壶口的大小虽然有所不同，但都是合格的，虽然有一定的误差，但也可以达到互换性的要求。

为了控制几何量误差，提出了几何量公差的概念。所谓几何量公差就是零件几何参数允许的变动量，它包括尺寸公差和几何公差等，只有将零件的误差控制在相应的公差内，才能保证互换性的实现。

既然要用几何量公差来控制几何量误差的大小，那么就必须合理地确定几何量公差的大小。而现代化生产中，一种产品的制造往往涉及许多部门和企业，为了适应各个部门和企业之间在技术上相互协调的要求，必须有一个统一的公差标准以保证互换性生产的实现。

除制定和贯彻技术标准外，要保证互换性在生产实践中的实现还必须有相应的技术测量措施。如测量结果显示零件的几何量误差控制在规定的几何量公差范围内，则此零件就合格，就能满足互换性的要求；如测量结果显示零件的几何量误差超过几何量公差范围，此零件就不合格，也就达不到互换的目的。因此，对零件的测量是保证互换性生产的重要手段。

另外，通过测量的结果人们可以分析不合格零件产生的原因，及时采取必要的工艺措施，提高加工精度，减少不合格产品，提高合格率，从而降低生产成本并提高生产效率。

综上所述，现代化生产必须遵循互换性的原则，而要保证互换性的实现，则必须保证零件的加工精度。由于加工中各种因素的影响，零件不可避免地存在几何量误差，但只要将几何量误差控制在一定的范围内，就能实现互换性。要确定这"一定范围"的大小，就必须制定相应的公差标准；要知道零件的几何量误差是否控制在公差范围内，即零件是否合格，就必须具有相应的技术测量措施和检测规定。

【任务拓展】

1．互换性是指在制成的＿＿＿＿＿＿的一批零件或部件中，任取其一，不需要做任何＿＿＿＿＿、＿＿＿＿＿或＿＿＿＿＿就能进行装配，并能满足机械产品的＿＿＿＿＿＿＿的一种特性。

2．互换性原则广泛用于机械制造中的＿＿＿＿＿、＿＿＿＿＿、＿＿＿＿、机器的＿＿＿＿＿等各个方面。

3．零部件的互换性既包括其＿＿＿＿＿＿的互换，也包括其＿＿＿＿＿＿的互换。

4．零件的几何量误差主要包括＿＿＿＿＿、＿＿＿＿＿和＿＿＿＿＿等。

5．几何量公差就是零件几何参数＿＿＿＿＿＿的＿＿＿＿＿，它包括＿＿＿＿＿＿和＿＿＿＿＿＿等。

6．关于互换性，下列说法中错误的是（　　　　）。

A．互换性要求零件具有一定的加工精度

B．现代化生产必须遵循互换性原则

C．为使零件具有互换性，必须使零件的各几何参数完全一致

7. 关于零件的互换性，下列说法中错误的是（　　）。

A．凡是合格的零件一定具有互换性

B．凡是具有互换性的零件必为合格品

C．为使零件具有互换性，必须把零件的几何量误差控制在给定的几何量公差范围内

8. 具有互换性的零件应是（　　）。

A．相同规格的零件

B．不同规格的零件

C．形状、尺寸完全相同的零件

9. 某种零件在装配时需要进行修配，则此零件（　　）。

A．具有互换性

B．不具有互换性

C．无法确定其是否具有互换性

10. 关于几何参数的公差，下列说法正确的是（　　）。

A．几何参数的公差就是零件几何参数的变动量

B．只有将零件的误差控制在相应的公差范围内，才能保证互换性的实现

C．制定和贯彻公差标准是保证互换性生产的重要手段

11. 根据我们所学的相关知识，说一说在减速器中，有哪些零部件具有互换性？

12. 日常生活中还有哪些互换性的例子，请列举出来。

13．在现代化生产中，为何要规定公差和制定公差标准？

14．互换性原则有何技术及经济意义？

15．对加工零件进行测量的目的是什么？

【任务评价】

1．能否阐述互换性在实际生产当中的应用实例。

2．能否理解几何量误差、几何量公差和测量的实际意义。

任务八　极限与配合的基本术语及其定义

【学习目标】

1. 能准确叙述孔和轴的概念
2. 能正确区分公称尺寸、极限尺寸、尺寸偏差、尺寸公差的概念
3. 能正确计算极限尺寸和尺寸公差
4. 能准确区分不同的配合类型及计算配合公差

【任务引入】

在二级减速器中，哪些零件的装配中存在配合关系，它们是怎样实现互换性配合的？

【任务分析】

实际零件的尺寸总具有一定的偏差，为保证零件的使用就必须对尺寸的变动范围加以限制，这样才能保证相互配合的零件能满足功能要求。例如，减速器的从动轴和轴承配合的部分，如果从动轴的轴颈尺寸太大，从动轴和轴承还能配合吗？

【任务实施】

极限与配合的基本术语及其定义。

一、孔和轴

一般情况下，孔和轴（图 8-1）是指圆柱形的内、外表面，而在极限与配合的标准中，孔和轴的定义更为广泛。

孔——通常指工件各种形状的内表面，包括圆柱形内表面和其他由单一尺寸形成的非圆柱形包容面。

轴——通常指工件各种形状的外表面，包括圆柱形外表面和其他由单一尺寸形成的非圆柱形被包容面。

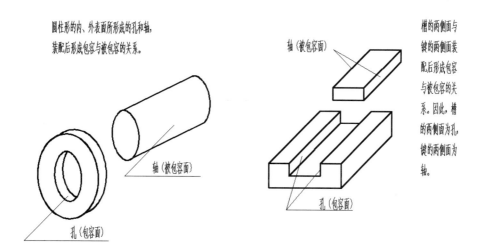

图 8-1　孔和轴

其中包容和被包容是就零件的装配关系而言的，即在零件装配后形成包容与被包容的关系，凡包容面统称为孔，被包容面统称为轴。

二、尺寸的术语及其定义

1. 尺寸

用特定单位表示长度大小的数值称为尺寸。长度包括直径、半径、宽度、深度、高度和中心距等。尺寸由数值和特定单位两部分组成，如 30 mm（毫米）、60 μm（微米）等。机械制图国家标准中规定，在机械图样上的尺寸通常以 mm 为单位，如以此为单位时，可省略单位的标注，仅标注数值。采用其他单位时，则必须在数值后注写单位。

2. 公称尺寸（D，d）

公称尺寸是设计时给定的，设计时可根据零件的使用要求，通过计算、试验或类比的方法，并经过标准化后确定。公称尺寸如图 8-2 所示，$\phi 10$ mm 为轴直径的公称尺寸，35 mm 为其长度的公称尺寸；$\phi 20$ mm 为孔直径的公称尺寸。

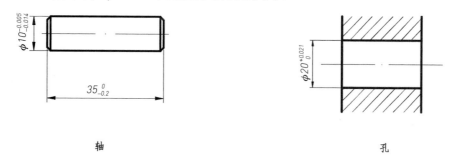

軸　　　　　　　　　　　　　　　　　　　孔

图 8-2　公称尺寸

孔的公称尺寸用"D"表示，轴的公称尺寸用"d"表示。国家标准规定：大写字母表示孔的有关代号，小写字母表示轴的有关代号。

3. 实际（组成）要素（D_a,d_a）

通过测量获得的尺寸称为实际（组成）要素。由于存在加工误差，零件同一表面上不同位置的实际（组成）要素不一定相等（图8-3）。

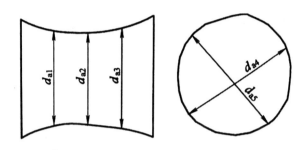

图 8-3　实际（组成）要素

4. 极限尺寸

允许尺寸变化的两个界限值称为极限尺寸。其中，允许的最大尺寸称为上极限尺寸；允许的最小尺寸称为下极限尺寸。

在机械加工中，由于存在由各种因素形成的加工误差，要把同一规格的零件加工成同一尺寸是不可能的。从使用的角度来讲，也没有必要将同一规格的零件都加工成同一尺寸，只需将零件的实际（组成）要素控制在一个具体的范围内就能满足使用要求。这个范围由上述两个极限尺寸确定。

极限尺寸是以公称尺寸为基数来确定的，它可以大于、小于或等于公称尺寸。公称尺寸可以在极限尺寸所确定的范围内，也可以在极限尺寸所确定的范围外。

例如，图8-4所示的极限尺寸。

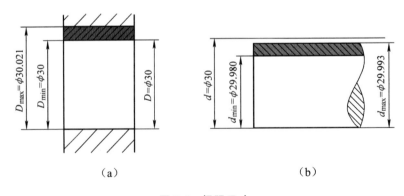

（a）　　　　　　　　　　　（b）

图 8-4　极限尺寸

图中，

孔的公称尺寸 $D=\phi 30$ mm

孔的上极限尺寸 $D_{max}=\phi 30.021$ mm

孔的下极限尺寸 $D_{min}=\phi 30$ mm

轴的公称尺寸 $d=\phi 30$ mm

轴的上极限尺寸 $d_{max}=\phi 29.993$ mm

轴的下极限尺寸 $d_{min}=\phi 29.980$ mm

零件加工后的实际（组成）要素介于两极限尺寸之间，既不允许大于上极限尺寸，也不允许小于下极限尺寸，否则零件尺寸就不合格。

需要特别注意的是，零件尺寸合格与否取决于实际（组成）要素是否在极限尺寸所确定的范围之内，而与公称尺寸无直接关系。

如图 8-4（b）所示，若轴加工后的实际（组成）要素刚好等于公称尺寸 $\phi 30$ mm，由于 $\phi 30$ mm 大于轴的上极限尺寸 $\phi 29.993$ mm，因此其尺寸并不合格。

三、偏差与公差的术语及其定义

1. 偏差

某一尺寸，如实际（组成）要素、极限尺寸等减其公称尺寸所得的代数差称为偏差。需要注意的是，偏差为代数差，偏差可以为正值、负值或零值。在使用时一定要注意偏差的正负号，不能遗漏。

偏差有以下几种：

（1）极限偏差。

极限尺寸减其公称尺寸所得的代数差称为极限偏差。由于极限尺寸有上极限尺寸和下极限尺寸之分，对应的极限偏差也分为上极限偏差和下极限偏差。

上极限尺寸减其公称尺寸所得的代数差称为上极限偏差。孔的上极限偏差用 ES 表示，轴的上极限偏差用 es 表示。用公式表示为

$$\begin{cases} ES = D_{max} - D \\ es = d_{max} - d \end{cases} \tag{8-1}$$

下极限尺寸减其公称尺寸所得的代数差称为下极限偏差。孔的下极限偏差用 EI 表示，轴的下极限偏差用 ei 表示。用公式表示为

$$\begin{cases} EI = D_{min} - D \\ ei = d_{min} - d \end{cases} \tag{8-2}$$

国家标准规定：在图样上和技术文件上标注极限偏差数值时，上极限偏差标在公称尺寸的右上角，下极限偏差标在公称尺寸的右下角。特别要注意的是，当偏差为零时，必须

在相应的位置上标注"0"，如图8-2所示。

特别提示： 极限偏差尺寸标注为公称尺寸 $^{上极限偏差}_{下极限偏差}$。

此时，注意下面几点原则：①上极限偏差>下极限偏差；②上、下极限偏差应以小数点对齐；③若上、下极限偏差不等于 0，则应注意标出正负号；④若偏差为零时，必须在相应的位置上标注"0"，不能省略；⑤当上、下极限偏差数值相等而符号相反时，应简化标注，如 $\phi40\pm0.008$。

（2）实际偏差。

实际（组成）要素减其公称尺寸所得的代数差称为实际偏差。合格零件的实际偏差应在规定的上、下极限偏差之间。

例 8-1 某孔直径的公称尺寸为 $\phi50$ mm，上极限尺寸为 $\phi50.048$ mm，下极限尺寸为 $\phi50.009$ mm，求孔的上、下极限偏差。

解： 由式（8-1）、式（8-2）得

$$孔的上极限偏差 ES = D_{max} - D = 50.048 - 50 = +0.048 \text{ mm}$$

$$孔的下极限偏差 EI = D_{min} - D = 50.009 - 50 = +0.009 \text{ mm}$$

例 8-2 如图 8-5 所示，计算轴 $\phi60^{+0.018}_{-0.012}$ mm 的极限尺寸，若该轴加工后测得的实际（组成）要素为 $\phi60.012$ mm，试判断该零件尺寸是否合格。

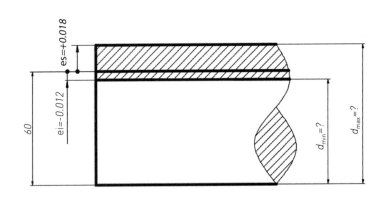

图 8-5 例 8-2 题图

解： 由式（8-1）、式（8-2）得

轴的上极限尺寸 $d_{max} = d + es = 60 + (+0.018) = 60.018$ mm

轴的下极限尺寸 $d_{min} = d + ei = 60 + (-0.012) = 59.988$ mm

方法一：由于 $\phi59.988$ mm $< \phi60.012$ mm $< \phi60.018$ mm

即零件的实际（组成）要素介于上、下极限尺寸之间，因此该零件尺寸合格。

方法二：轴的实际偏差 $= d_a - d = 60.012 - 60 = +0.012$ mm

由于 -0.012 mm $< +0.012$ mm $< +0.018$ mm

即轴的实际偏差介于上、下极限偏差之间，因此该零件尺寸合格。

特别提示：判断尺寸合格的方法有两种，零件的实际（组成）要素应在规定的上、下极限尺寸之间和零件的实际偏差应在规定的上、下极限偏差之间。

2. 尺寸公差（T）

尺寸公差是指允许尺寸的变动量，简称公差。

公差是设计人员根据零件使用时的精度要求并考虑加工时的经济性而对尺寸变动量给出的允许值。公差的数值等于上极限尺寸减下极限尺寸之差，也等于上极限偏差减下极限偏差之差。其表达式为

孔的公差 $\qquad\qquad\qquad T_h = |D_{max} - D_{min}|$

轴的公差 $\qquad\qquad\qquad T_s = |d_{max} - d_{min}|$ $\qquad$（8-3）

由式（8-1）、式（8-2）可推导出

$$T_h = |ES - EI|$$

$$T_s = |es - ei| \qquad\qquad （8\text{-}4）$$

特别提示：公差以绝对值定义，没有正负的含义，因此，在公差值的前面不应出现"+"号或"-"号。

另外，由于加工误差不可避免，所以公差不能取零值。

从加工的角度看，公称尺寸相同的零件，公差值越大，加工就越容易；反之，加工就越困难。

例 8-3 如图 8-6 所示，求孔 $\phi 20^{+0.10}_{+0.02}$ mm 的尺寸公差。

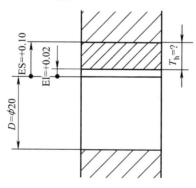

图 8-6 例 8-3 题图

解：由式（8-4）得

孔的公差 $\qquad\quad T_h = |ES - EI| = |0.10 - 0.02| = 0.08$ mm

也可利用极限尺寸计算公差，由式（8-1）、式（8-2）得

$$D_{max} = D + ES = 20 + 0.10 = 20.10 \text{ mm}$$

$$D_{min} = D + EI = 20 + 0.02 = 20.02 \text{ mm}$$

由式（8-3）得

$$T_h = |D_{max} - D_{min}| = |20.10 - 20.02| = 0.08\ mm$$

例 8-4 如图 8-7 所示，轴的公称尺寸为 $\phi40\ mm$，上极限尺寸为 $\phi39.991\ mm$，尺寸公差为 0.025 mm，求其下极限尺寸、上极限偏差和下极限偏差。

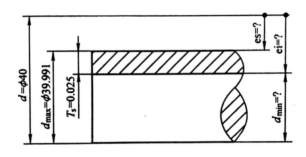

图 8-7　例 8-4 题图

解： 由公式（8-3）得

$$d_{min} = d_{max} - T_s = 39.991 - 0.025 = 39.966\ mm$$

由公式（8-1）得

$$es = d_{max} - d = 39.991 - 40 = -0.009\ mm$$

由公式（8-2）得

$$ei = d_{min} - d = 39.966 - 40 = -0.034\ mm$$

3. 零线与尺寸公差带

为了说明尺寸、偏差与公差之间的关系，一般采用极限与配合示意图，如图 8-8 所示。这种示意图是把极限偏差和公差部分放大而尺寸不放大画出来的，从图中可直观地看出公称尺寸、极限尺寸、极限偏差和公差之间的关系。

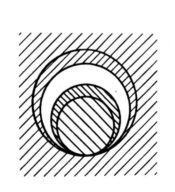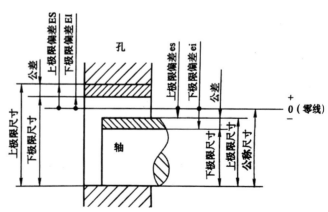

图 8-8　极限与配合示意图

为了简化起见，在实际应用中通常不画出孔和轴的全形，只要按规定将有关公差的部分放大画出即可，这种图也称公差带图，如图8-9所示。

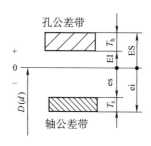

图8-9　公差带图

（1）零线。

在公差带图中，表示公称尺寸的一条直线称为零线。

以零线为基准确定偏差。习惯上，零线沿水平方向绘制，在其左端标上"0"和"+""−"号，在其左下方画上带单向箭头的尺寸线，并标上公称尺寸。正偏差位于零线上方，负偏差位于零线下方，零偏差与零线重合。

（2）公差带。

在公差带图中，由代表上极限偏差和下极限偏差或上极限尺寸和下极限尺寸的两条直线所限定的区域称为公差带。

公差带沿零线方向的长度可以适当选取。为了区别，一般在同一图中，孔和轴的公差带的剖面线的方向应该相反。

确定公差带的要素有两个——公差带的大小和公差带的位置。公差带的大小是指公差带沿垂直于零线方向的宽度，由公差的大小决定。公差带的位置是指公差带相对零线的位置，由靠近零线的那个极限偏差决定。

例8-5　绘出孔$\phi25^{+0.021}_{0}$ mm和轴$\phi25^{-0.020}_{-0.033}$ mm的公差带图。

解： ① 作出零线。即沿水平方向画出一条直线，并标上"0"和"+""−"号，然后作单向尺寸线并标注出公称尺寸$\phi25$ mm。

② 作上、下极限偏差线。首先根据偏差值大小选定一个适当的作图比例（一般选500:1，偏差值较小时可选取1 000:1），如本题采用放大比例500:1，则图面上0.5 mm代表1 μm。

再画孔的上、下极限偏差线。孔的上极限偏差为+0.021 mm，在零线上方 10.5 mm 处画出上极限偏差线；下极限偏差为零，故下极限偏差线与零线重合。

然后画轴的上、下极限偏差线。轴的上极限偏差为-0.020 mm，在零线下方 10 mm 处画出上极限偏差线；下极限偏差为-0.033 mm，在零线下方 16.5 mm 处画出下极限偏差线。

③ 在孔、轴的上、下极限偏差线左右两侧分别画垂直于偏差线的线段，将孔、轴公差带封闭成矩形，这两条垂直线之间的距离没有具体规定，可酌情而定。然后在孔、轴公差带内分别画出剖面线，并在相应的部位分别标注孔、轴的上、下极限偏差值。绘制尺寸公差带图如图8-10所示。

图8-10　绘制尺寸公差带图（间隙配合）

四、配合的术语及定义

1. 配合

公称尺寸相同的、相互结合的孔和轴公差带之间的关系称为配合。

相互配合的孔和轴其公称尺寸应该是相同的。孔、轴公差带之间的不同关系决定了孔、轴结合的松紧程度，也就决定了孔、轴的配合性质。

2. 间隙与过盈

孔的尺寸减去相配合的轴的尺寸为正时为间隙，一般用 X 表示，其数值前应标"+"号；孔的尺寸减去相配合的轴的尺寸为负时为过盈，一般用 Y 表示，其数值前应标"-"号。

3. 配合的类型

根据形成间隙或过盈的情况，配合分为三类，即间隙配合、过盈配合和过渡配合。

（1）间隙配合。

具有间隙（包括最小间隙等于零）的配合称为间隙配合。

间隙配合时，孔的公差带在轴的公差带之上。间隙配合的孔、轴公差带如图 8-11 所示。

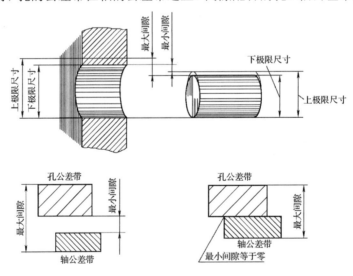

图 8-11 间隙配合的孔、轴公差带

由于孔、轴的实际（组成）要素允许在其公差带内变动，因而其配合的间隙也是变动的。当孔为上极限尺寸而与其相配的轴为下极限尺寸时，配合处于最松状态，此时的间隙称为最大间隙，用 X_{max} 表示。当孔为下极限尺寸而与其相配的轴为上极限尺寸时，配合处于最紧状态，此时的间隙称为最小间隙，用 X_{min} 表示。

即

$$X_{max} = D_{max} - d_{min} = ES - ei \tag{8-5}$$

$$X_{\min} = D_{\min} - d_{\max} = EI - es \qquad (8\text{-}6)$$

最大间隙与最小间隙统称为极限间隙，它们表示间隙配合中允许间隙变动的两个界限值。孔、轴装配后的实际间隙在最大间隙和最小间隙之间。

间隙配合中，当孔的下极限尺寸等于轴的上极限尺寸时，最小间隙等于零，称为零间隙。

例 8-6　如图 8-12 所示，孔 $\phi 25^{+0.021}_{0}$ mm 与轴 $\phi 25^{-0.020}_{-0.033}$ mm 相配合，试判断配合类型，若为间隙配合，试计算其极限间隙。

解： 由图 8-12 可以看出，该组孔和轴为间隙配合。

由式（8-5）、式（8-6）得

$$X_{\max} = ES - ei = +0.021 - (-0.033) = +0.054 \text{ mm}$$

$$X_{\min} = EI - es = 0 - (-0.020) = +0.020 \text{ mm}$$

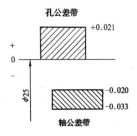

图 8-12　例 8-6 题图

（2）过盈配合。

具有过盈（包括最小过盈等于零）的配合称为过盈配合。

过盈配合时，孔的公差带在轴的公差带之下，过盈配合的孔、轴公差带如图 8-13 所示。

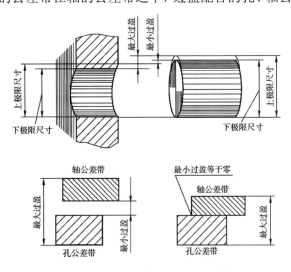

图 8-13　过盈配合的孔、轴公差带

同样，由于孔、轴的实际（组成）要素允许在其公差带内变动，因而其配合的过盈也是变动的。当孔为下极限尺寸而与其相配的轴为上极限尺寸时，配合处于最紧状态，此时的过盈称为最大过盈，用 Y_{max} 表示。当孔为上极限尺寸而与其相配的轴为下极限尺寸时，配合处于最松状态，此时的过盈称为最小过盈，用 Y_{min} 表示。

$$Y_{max} = D_{min} - d_{max} = EI - es \qquad (8\text{-}7)$$

$$Y_{min} = D_{max} - d_{min} = ES - ei \qquad (8\text{-}8)$$

最大过盈和最小过盈统称为极限过盈，它们表示过盈配合中允许过盈变动的两个界限值。孔、轴装配后的实际过盈在最小过盈和最大过盈之间。

过盈配合中，当孔的上极限尺寸等于轴的下极限尺寸时，最小过盈等于零，称为零过盈。

例 8-7 孔 $\phi32^{+0.025}_{0}$ mm 和轴 $\phi32^{+0.042}_{+0.026}$ mm 相配合，试判断其配合类型，并计算其极限间隙或极限过盈。

解： 作孔、轴公差带图，如图 8-14 所示。

由图可知，该组孔和轴为过盈配合。

由式（1-7）、式（1-8）得

$$Y_{max} = EI - es = 0 - (+0.042) = -0.042 \text{ mm}$$

$$Y_{min} = ES - ei = +0.025 - (+0.026) = -0.001 \text{ mm}$$

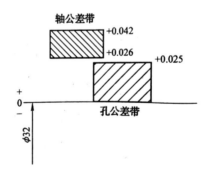

图 8-14　孔、轴公差带图

（3）过渡配合。

可能具有间隙或过盈的配合称为过渡配合。

过渡配合时，孔的公差带与轴的公差带相互交叠，过渡配合的孔、轴公差带如图 8-15 所示。

同样，孔、轴的实际（组成）要素允许在其公差带内变动。当孔的尺寸大于轴的尺寸时，具有间隙。当孔为上极限尺寸而轴为下极限尺寸时，配合处于最松状态，此时的间隙为最大间隙。当孔的尺寸小于轴的尺寸时，具有过盈。当孔为下极限尺寸而轴为上极限尺寸时，配合处于最紧状态，此时的过盈为最大过盈。

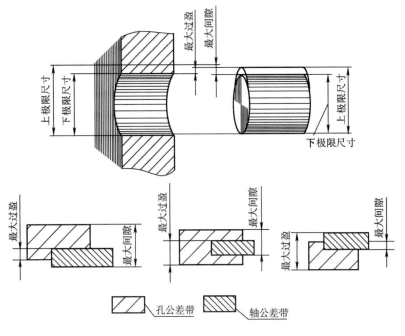

图 8-15　过渡配合的孔、轴公差带

$$X_{\max} = D_{\max} - d_{\min} = \text{ES} - \text{ei}$$

$$Y_{\max} = D_{\min} - d_{\max} = \text{EI} - \text{es}$$

过渡配合中也可能出现孔的尺寸减轴的尺寸为零的情况。这个零值可称为零间隙，也可称为零过盈，但它不能代表过渡配合的性质特征。代表过渡配合松紧程度的特征是最大间隙和最大过盈。

例 8-8　孔 $\phi 50^{+0.025}_{0}$ mm 和轴 $\phi 50^{+0.018}_{+0.002}$ mm 相配合，试判断其配合类型，并计算极限间隙或极限过盈。

解：作孔、轴的公差带图，如图 8-16 所示。

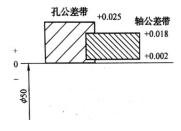

图 8-16　孔、轴的公差带图

由图可知，该孔和轴为过渡配合。由式（8-5）、式（8-7）得

$$X_{\max} = \text{ES} - \text{ei} = +0.025 - (+0.002) = +0.023 \text{ mm}$$

$$Y_{\max} = \text{EI} - \text{es} = 0 - (+0.018) = -0.018 \text{ mm}$$

特别提示：每一类配合都有两个特征值，这两个特征值分别反映该配合的最"松"和最"紧"程度，配合特性对照表见表8-1。

表8-1 配合特性对照表

配合类型		间隙配合	过渡配合	过盈配合
特征值	最"松"配合	$X_{max} = ES - ei$	$X_{max} = ES - ei$	$Y_{min} = ES - ei$
	最"紧"配合	$X_{min} = EI - es$	$Y_{max} = EI - es$	$Y_{max} = EI - es$
孔、轴公差带相互位置		孔在轴之上	孔、轴交叠	孔在轴之下

配合的类型可以根据孔、轴公差带的相互位置来判别，也可以根据孔、轴的极限偏差来判别。由三种配合的孔、轴公差带位置可以看出：

当 $EI \geqslant es$ 时，为间隙配合；

当 $ES \leqslant ei$ 时，为过盈配合；

当以上两式都不成立时，为过渡配合。

4. 配合公差

配合公差是允许间隙或过盈的变动量，用 T_f 表示。

配合公差越大，则配合后的松紧差别程度越大，即配合的一致性差，配合的精度低；反之，配合公差越小，配合后的松紧差别程度也越小，即配合的一致性好，配合的精度高。

对于间隙配合，配合公差等于最大间隙减最小间隙之差；对于过盈配合，配合公差等于最小过盈减最大过盈之差；对于过渡配合，配合公差等于最大间隙减最大过盈之差。

$$
\left.
\begin{aligned}
\text{间隙配合} \quad & T_f = \left| X_{max} - X_{min} \right| \\
\text{过盈配合} \quad & T_f = \left| Y_{min} - Y_{max} \right| \\
\text{过渡配合} \quad & T_f = \left| X_{max} - Y_{max} \right|
\end{aligned}
\right\} \quad T_f = T_h + T_s \qquad (8\text{-}9)
$$

配合公差等于组成配合的孔和轴的公差之和。配合精度的高低是由相配合的孔和轴的精度决定的。配合精度要求越高，孔和轴的精度要求也越高，加工成本越高。反之，配合精度要求越低，孔和轴的加工成本越低。

特别提示：配合公差与尺寸公差具有相同的特性，同样以绝对值定义，没有正负，也不可能为零。

需要注意的是，配合公差并不反映配合的松紧程度，它反映的是配合的松紧变化程度。配合的松紧程度由该配合的极限过盈或极限间隙值决定。

【任务拓展】

1. 零件装配后，其结合处形成包容与被包容的关系，凡_____统称为孔，_____统称为轴。

2. 以加工形成的结果区分孔和轴，在切削过程中尺寸由大变小的为_____、尺寸由小变大的为_____。

3. 尺寸由_____和_____两部分组成，如 30 mm。

4. 允许尺寸变化的两个界限值分别是_____和_____，它们是以_____为基数来确定的。

5. 尺寸偏差可分为_____和_____两种，而_____又有_____偏差和_____偏差之分。

6. 孔的上极限偏差用_____表示，孔的下极限偏差用_____表示；轴的上极限偏差用_____表示，轴的下极限偏差用_____表示。

7. 当上极限尺寸等于公称尺寸时，其_____偏差等于零；当零件的实际（组成）要素等于其公称尺寸时，其_____偏差等于零。

8. 零件的_____减其公称尺寸所得的代数差为实际偏差，当实际偏差在_____和_____之间时，尺寸合格。

9. 尺寸公差是尺寸的允许_____，因此公差值前不能有_____。

10. 在公差带图中，表示公称尺寸的一条直线称为_____，在此直线以上的偏差为_____偏差，在此直线以下的偏差为_____偏差。

11. 尺寸公差带的两个要素分别是_____和_____。

12. _____相同的互相结合的孔和轴_____之间的关系称为配合。

13. 孔的尺寸减去相配合的轴的尺寸之差为____时是间隙，为____时是过盈。

14. 根据形成间隙或过盈的情况，配合分为_____配合、_____配合和_____配合三类。

15. 最大间隙和最小间隙统称为_____间隙，它们表示间隙配合中允许间隙变动的两个_____。最大间隙是间隙配合处于最_____状态时的间隙，最小间隙是间隙配合处于最_____状态时的间隙。

16. 最大过盈和最小过盈统称为_____过盈，它们表示过盈配合中允许过盈变动的两个_____。最大过盈是过盈配合处于最_____状态时的过盈，最小过盈是过盈配合处于最_____状态时的过盈。

17. 代表过渡配合松紧程度的特征值是_____和_____。

18. 配合的性质可根据相配合的孔、轴公差带的相对位置来判别，孔的公差带在轴的公差带之_____时为间隙配合，孔的公差带与轴的公差带相互_____时为过渡配合，孔的公差带在轴的公差带之_____时为过盈配合。

19. 当 EI-es≥0 时，此配合必为_____配合；当 ES-ei≤0 时，此配合必为_____配合。

20. 孔、轴配合时，若 ES=ei，则此配合是_____配合；若 ES=es，则此配合是_____配合；若 EI=es，则此配合是_____配合；若 EI=ei，则此配合是_____配合。

21. 配合公差是允许间隙或_____的变动量，它等于组成配合的孔的公差_____之和。配合公差越大，则配合后的_____程度越大，配合的精度越低。

22. 配合精度的高低是由相配合的_____和_____的精度决定的。

23. 关于孔和轴的概念，下列说法中错误的是（　　　）。

    A. 圆柱形的内表面为孔，圆柱形的外表面为轴

    B. 由截面呈矩形的四个内表面或外表面形成一个孔或一个轴

    C. 从装配关系看，包容面为孔，被包容面为轴

    D. 从加工过程看，切削过程中尺寸由小变大的为孔，尺寸由大变小的为轴

24. 公称尺寸是（　　　）。

    A. 测量时得到的   B. 加工时得到的

    C. 装配后得到的   D. 设计时给定的

25. 上极限尺寸与公称尺寸的关系是（　　　）。

    A. 前者大于后者   B. 前者小于后者

    C. 前者等于后者   D. 两者之间的大小无法确定

26. 计算出表 8-2 中空格处的数值，并按规定填写在表中。

表 8-2　极限尺寸、极限偏差计算表　　　　　　　　　　　　　　　　mm

公称尺寸	上极限尺寸	下极限尺寸	上极限偏差	下极限偏差	公差	尺寸标注
轴φ40	φ40.105	φ40.080				
孔φ18			+0.093		0.043	
孔φ50		φ49.958			0.025	
轴φ60			-0.041	-0.087		
孔φ60				-0.021	0.030	
孔φ70						$\phi 70^{+0.018}_{-0.012}$
轴φ100	φ100				0.054	

27. 极限偏差是（　　　）。

    A. 设计时确定的

    B. 加工后测量得到的

    C. 实际（组成）要素减公称尺寸的代数差

    D. 上极限尺寸与下极限尺寸之差

28. 下极限尺寸减去其公称尺寸所得的代数差为（　　）。

　　A. 上极限偏差　　　B. 下极限偏差　　　C. 基本偏差　　　D. 实际偏差

29. 当上极限尺寸或下极限尺寸为零值时，在图样上（　　）。

　　A. 必须标出零值　　　　　　　　B. 不用标出零值

　　C. 标出零值与不标零值皆可　　　D. 视具体情况而定

30. 实际偏差是（　　）。

　　A. 设计时给定的　　　　　　　　B. 直接测量得到的

　　C. 通过测量、计算得到的　　　　D. 上极限尺寸与下极限尺寸之代数差

31. 某尺寸的实际偏差为零，则实际（组成）要素（　　）。

　　A. 必定合格　　　　　　　　　　B. 为零件的真实尺寸

　　C. 等于公称尺寸　　　　　　　　D. 等于下极限尺寸

32. 尺寸公差带的零线表示（　　）。

　　A. 上极限尺寸　　　　　　　　　B. 下极限尺寸

　　C. 公称尺寸　　　　　　　　　　D. 实际（组成）要素

33. 关于尺寸公差，下列说法中正确的是（　　）。

　　A. 尺寸公差只能大于零，故公差值前应标"+"号

　　B. 尺寸公差是用绝对值定义的，没有正、负的含义，故公差值前不应标"+"号

　　C. 尺寸公差不能为负值，但可以为零值

　　D. 尺寸公差为允许尺寸变动范围的界限值

34. 关于偏差与公差之间的关系，下列说法中正确的是（　　）。

　　A. 上极限尺寸越大，公差越大

　　B. 实际偏差越大，公差越大

　　C. 下极限尺寸越大，公差越大

　　D. 上、下极限尺寸之差的绝对值越大，公差越大

35. 当孔的上极限尺寸与轴的下极限尺寸之代数差为正值时，此代数差称为（　　）。

　　A. 最大间隙　　　B. 最小间隙　　　C. 最大过盈　　　D. 最小过盈

36. 当孔的下极限尺寸与轴的上极限尺寸之代数差为负值时，此代数差称为（　　）。

　　A. 最大间隙　　　B. 最小间隙　　　C. 最大过盈　　　D. 最小过盈

37. 当孔的下极限尺寸大于相配合的轴的上极限尺寸时，此配合的性质是（　　）。

　　A. 间隙配合　　　B. 过渡配合　　　C. 过盈配合　　　D. 无法确定

38. 当孔的上极限尺寸大于相配合的轴的下极限尺寸时，此配合的性质是（　　）。

　　A. 间隙配合　　　B. 过渡配合　　　C. 过盈配合　　　D. 无法确定

39. 下列各关系式中，能确定孔与轴的配合为过渡配合的是（　　）。

  A. EI≥es   B. ES≤ei   C. EI>ei   D. EI<ei<ES

40. 计算下列孔和轴的尺寸公差，并分别绘制出尺寸公差带图。

（1）孔为 $\phi 50^{+0.039}_{0}$ mm。

（2）轴为 $\phi 65^{-0.060}_{-0.134}$ mm。

（3）孔为 $\phi 120^{+0.034}_{-0.020}$ mm。

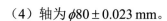

（4）轴为 $\phi 80 \pm 0.023$ mm。

41. 画出下列各组配合的孔、轴的公差带图，判断配合性质，并计算极限过盈（或极限间隙）和配合公差。

（1）孔为 $\phi 60^{+0.030}_{0}$ mm，轴为 $\phi 60^{-0.030}_{-0.049}$ mm。

（2）孔为 $\phi 70^{+0.030}_{0}$ mm，轴为 $\phi 70^{+0.039}_{+0.020}$ mm。

（3）孔为 $\phi 90^{+0.054}_{0}$ mm，轴为 $\phi 90^{+0.145}_{+0.091}$ mm。

（4）孔为 $\phi 100^{+0.107}_{+0.072}$ mm，轴为 $\phi 100^{0}_{-0.054}$ mm。

【任务评价】

1. 能否准备分析出零件图中的各种尺寸，包括公称尺寸、极限尺寸及尺寸公差等。

2. 能否画出配合尺寸的公差带图，并根据公差带图判断配合类型。

3. 能否准确计算出孔和轴的极限偏差、尺寸公差、配合公差等。

任务九　极限与配合标准的基本规定

【学习目标】

1. 能准确叙述标准公差、基本偏差的基本概念
2. 会查标准公差、基本偏差数值表确定零件实际尺寸的上、下极限偏差
3. 能准确叙述配合制的应用特点

【任务引入】

作为一名技术工人，你在加工产品时，该怎样确定所加工的产品是否合格？

【任务分析】

为便于生产，实现零件的互换性及满足不同的使用要求，国家标准《产品几何技术规范（GPS）线性尺寸公差 ISO 代号体系》（GB/T 1800—2020）规定了公差带由标准公差和基本偏差两个要素组成。标准公差确定公差带的大小，而基本偏差确定公差带的位置。

【任务实施】

极限与配合标准的基本规定。

一、标准公差

国家标准《产品几何技术规范（GPS）线性尺寸公差 ISO 代号体系》中所规定的任一公差称为标准公差。

标准公差数值见表 9-1。从表中可以看出，标准公差的数值与两个因素有关，即标准公差等级和公称尺寸分段。

1. 标准公差等级

确定尺寸精度的等级为公差等级。

各种机器零件和零件上不同部位的作用不同，要求尺寸的精度就不同。有的尺寸要求必须制造得很精确，有的尺寸则不必那么精确。为了满足生产的需要，国家标准设置了

20 个公差等级，即 IT01、IT0、IT1、IT2、IT3、…、IT18。"IT"表示标准公差，其后的阿拉伯数字表示公差等级。IT01 精度最高，其余精度依次降低，IT18 精度最低。同一公称尺寸的标准公差值如图 9-1 所示。

表 9-1 标准公差数值表

公称尺寸 /mm		标准公差等级																
		IT1	IT2	IT3	IT4	IT5	IT6	IT7	IT8	IT9	IT10	IT11	IT12	IT13	IT14	IT15	IT16	IT17	IT18
大于	至	μm											mm						
—	3	0.8	1.2	2	3	4	6	10	14	25	40	60	0.1	0.14	0.25	0.4	0.6	1	1.4
3	6	1	1.5	2.5	4	5	8	12	18	30	48	75	0.12	0.18	0.3	0.48	0.75	1.2	1.8
6	10	1	1.5	2.5	4	6	9	15	22	36	58	90	0.15	0.22	0.36	0.58	0.9	1.5	2.2
10	18	1.2	2	3	5	8	11	18	27	43	70	110	0.18	0.27	0.43	0.7	1.1	1.8	2.7
18	30	1.5	2.5	4	6	9	13	21	33	52	84	130	0.21	0.33	0.52	0.84	1.3	2.1	3.3
30	50	1.5	2.5	4	7	11	16	25	39	62	100	160	0.25	0.39	0.62	1	1.6	2.5	3.9
50	80	2	3	5	8	13	19	30	46	74	120	190	0.3	0.46	0.74	1.2	1.9	3	4.6
80	120	2.5	4	6	10	15	22	35	54	87	140	220	0.35	0.54	0.87	1.4	2.2	3.5	5.4
120	180	3.5	5	8	12	18	25	40	63	100	160	250	0.4	0.63	1	1.6	2.5	4	6.3
180	250	4.5	7	10	14	20	29	46	72	115	185	290	0.46	0.72	1.15	1.85	2.9	4.6	7.2
250	315	6	8	12	16	23	32	52	81	130	210	320	0.52	0.81	1.3	2.1	3.2	5.2	8.1
315	400	7	9	13	18	25	36	57	89	140	230	360	0.75	0.89	1.4	2.3	3.6	5.7	8.9
400	500	8	10	15	20	27	40	63	97	155	250	400	0.63	0.97	1.55	2.5	4	6.3	9.7
500	630	9	11	16	22	32	44	70	110	175	280	440	0.7	1.1	1.75	2.8	4.4	7	11
630	800	10	13	18	25	36	50	80	125	200	320	500	0.8	1.25	2	3.2	5	8	12.5
800	1 000	11	15	21	28	40	56	90	140	230	360	560	0.9	1.4	2.3	3.6	5.6	9	14
1 000	1 250	13	18	24	33	47	66	105	165	260	420	660	1.05	1.65	2.6	4.2	6.6	10.5	16.5
1 250	1 600	15	21	29	39	55	78	125	195	310	500	780	1.25	1.95	3.1	5	7.8	12.5	19.5
1 600	2 000	18	25	35	46	65	92	150	230	370	600	920	1.5	2.3	3.7	6	9.2	15	23
2 000	2 500	22	30	41	55	78	110	175	280	440	700	1 100	1.75	2.8	4.4	7	11	17.5	28
2 500	3 150	26	36	50	68	96	135	210	330	540	860	1 350	2.1	3.3	5.4	8.6	13.5	21	33

注：1. 公称尺寸大于 500 mm 的 IT1～IT5 的标准公差数值为试行的。

2. 公称尺寸小于或等于 1 mm 时，无 IT14～IT18。

3. IT01～IT0 在工业上很少用到，因此本表中未列出。

图 9-1 同一公称尺寸的标准公差值

特别提示：

公差等级是划分尺寸精度等级的标志，虽然在同一公差等级中，不同公称尺寸对应不同的标准公差值，但这些尺寸被认为具有同等的精确程度。例如，公称尺寸 20 mm 的 IT6 数值为 0.013 mm，公称尺寸 400 mm 的 IT6 数值为 0.036 mm，二者虽然标准公差值相差很大，但不能因此认为前者比后者精确，它们具有同样的精确程度。

公差等级越高，零件的精度越高，使用性能也越高，但加工难度大，生产成本高；公差等级越低，零件的精度越低，使用性能降低，但加工难度减小，生产成本降低。因而要同时考虑零件的使用要求和加工经济性能这两个因素，合理确定公差等级。

2. 公称尺寸分段

在相同的加工精度条件下（相同的加工设备及加工技术等），加工误差随着公称尺寸的增大而增大。因此从理论上讲，同一公差等级的标准公差数值也应随公称尺寸的增大而增大。

在实际生产中使用的公称尺寸是很多的，如果每一个公称尺寸都对应一个公差值，就会形成一个庞大的公差数值表，不利于实现标准化，给实际生产带来困难。因此，国家标准对公称尺寸进行了分段。尺寸分段后，同一尺寸段内所有的公称尺寸，在相同公差等级的情况下，具有相同的公差值。如公称尺寸 40 mm 和 50 mm 都在"大于 30 mm 至 50 mm"尺寸段，两尺寸的 IT7 数值均为 0.025 mm。

二、基本偏差

1. 基本偏差及其代号

（1）基本偏差。

国家标准中所规定的用以确定公差带相对于零线位置的上极限偏差或下极限偏差，称为基本偏差。

基本偏差一般为靠近零线的那个偏差，如图 9-2 所示。当公差带在零线上方时，其基本偏差为下极限偏差，因为下极限偏差靠近零线；当公差带在零线下方时，其基本偏差为上极限偏差，因为上极限偏差靠近零线。当公差带的某一偏差为零时，此偏差自然就是基本偏差。有的公差带相对于零线是完全对称的，则基本偏差可为上极限偏差，也可为下极限偏差。例如，$\phi 40 \pm 0.019$ mm 的基本偏差可为上极限偏差+0.019 mm，也可为下极限偏差-0.019 mm。

特别提示：虽然基本偏差既可以是上极限偏差，也可以是下极限偏差，但对一个尺寸公差带只能规定其中一个为基本偏差。

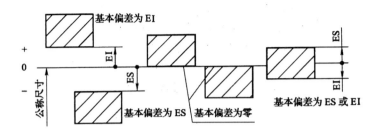

图9-2 基本偏差

（2）基本偏差代号。

基本偏差代号用拉丁字母表示，大写字母表示孔的基本偏差，小写字母表示轴的基本偏差。为了不与其他代号相混淆，在26个字母中去掉了I、L、O、Q、W（i、l、o、q、w）5个字母，又增加了7个双写字母CD、EF、FG、JS、ZA、ZB、ZC（cd、ef、fg、js、za、zb、zc）。这样，孔和轴各有28个基本偏差代号，孔和轴的基本偏差代号见表9-2。

表9-2 孔和轴的基本偏差代号

	A	B	C	D	E	F	G	H	J	K	M	N	P	R	S	T	U	V	X	Y	Z			
孔			CD		EF	FG		JS														ZA	ZB	ZC
轴	a	b	c	d	e	f	g	h	j	k	m	n	p	r	s	t	u	v	x	y	z			
			cd		ef	fg		js														za	zb	zc

2. 基本偏差系列图及其特征

如图9-3所示为基本偏差系列图，它表示公称尺寸相同的28种孔、轴的基本偏差相对零线的位置关系。此图只表示公差带位置，不表示公差带大小。所以，图中公差带只画了靠近零线的一端，另一端是开口的，开口端的极限偏差由标准公差确定。

从基本偏差系列图可以看出：

（1）孔和轴同字母的基本偏差相对零线基本呈对称分布。轴的基本偏差从a~h为上极限偏差es，h的上极限偏差为零，其余均为负值，它们的绝对值依次逐渐减小。轴的基本偏差从j至zc为下极限偏差ei，除j和k的部分外（当代号为k且IT≤3或IT>7时，基本偏差为零）都为正值，其绝对值依次逐渐增大。孔的基本偏差从A~H为下极限偏差EI，从J~ZC为上极限偏差ES，其正负号情况与轴的基本偏差正负号情况相反。

（2）基本偏差代号为JS和js的公差带，在各公差等级中，完全对称于零线，按国家标准对基本偏差的定义，其基本偏差可为上极限偏差（数值+IT/2），也可为下极限偏差（数值-IT/2）。但为统一起见，在基本偏差数值表中将js划归为上极限偏差，将JS划归为下极限偏差。

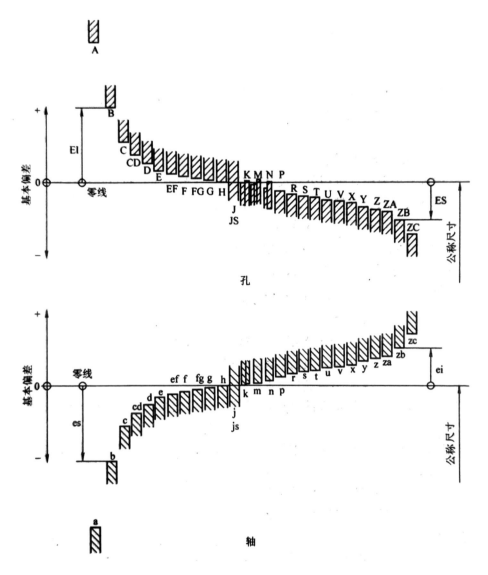

图 9-3 基本偏差系列图

（3）代号为 k、K 和 N 的基本偏差的数值随公差等级的不同而分为两种情况（k、K 可为正值或零值，N 可为负值或零值），而代号为 M 的基本偏差数值随公差等级不同则有三种不同的情况（正值、负值或零值）。

另外，代号 j、J 及 P～ZC 的基本偏差数值也与公差等级有关，图中未标示出。

三、公差带

1. 公差带代号

孔、轴公差带代号由基本偏差代号与公差等级数字组成。

例如，H9、D9、B11、S7、T7 等为孔公差带代号；h6、d8、k6、s6、u6 等为轴公差带代号。

2. 图样上标注尺寸公差的方法

图样上标注尺寸公差时，可用公称尺寸与公差带代号表示；也可用公称尺寸与极限偏差表示；还可用公称尺寸与公差带代号、极限偏差共同表示。

例如：轴 $\phi16d9$ 也可用 $\phi16^{-0.050}_{-0.093}$ 或 $\phi16d9^{-0.050}_{-0.093}$ 表示；

孔 $\phi40G7$ 也可用 $\phi40^{+0.034}_{+0.009}$ 或 $\phi40G7^{+0.034}_{+0.009}$ 表示。

几种标注方法比较：

$\phi40G7$ 是只标注公差带代号的方法，公差带代号注释示例如图 9-4 所示。

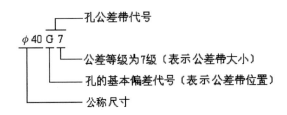

图 9-4　公差带代号注释示例

这种方法能清楚地表示公差带的性质，但基本偏差数值要查表，适用于大批量的生产要求。

$\phi40^{+0.034}_{+0.009}$ 是只标注上、下极限偏差数值的方法，对于零件加工较为方便，适用于单件或小批量的生产要求。

$\phi40G7^{+0.034}_{+0.009}$ 是公差带代号与基本偏差共同标注的方法，兼有上面两种方法的优点，但标注较麻烦，适用于批量不定的生产要求。

3. 公差带系列

根据国家标准规定，标准公差等级有 20 级，基本偏差代号有 28 个，由此可组成很多种公差带。孔有 20×27+3=543 种（这里的"+3"代表增加 J6、J7、J8 三种），轴有 20×27+4=544 种（这里的"+4"代表增加 j5、j6、j7、j8 四种），孔和轴公差带又能组成更大数量的配合。但在生产实践中，若使用数量这么多的公差带，既发挥不了标准化应有的作用，也不利于生产。国家标准在满足我国现实需要和考虑生产发展的前提下，为了尽可能减少零件、定值刀具、定值测量工具和工艺装备的品种、规格，对孔和轴所选用的公差带做了必要的限制。

国家标准对公称尺寸至 500 mm 的孔、轴规定了优先、常用和一般用途三类公差带。轴的一般用途公差带有 116 种，公称尺寸至 500 mm 的一般常用的优先轴公差带如图 9-5

所示。其中又规定了 59 种常用公差带，见图中线框框住的公差带；在常用公差带中又规定了 13 种优先公差带，见图中圆圈框住的公差带。同样，对孔公差带规定了 105 种一般用途公差带、44 种常用公差带和 13 种优先公差带，公称尺寸至 500 mm 的一般常用的优先孔公差带如图 9-6 所示。

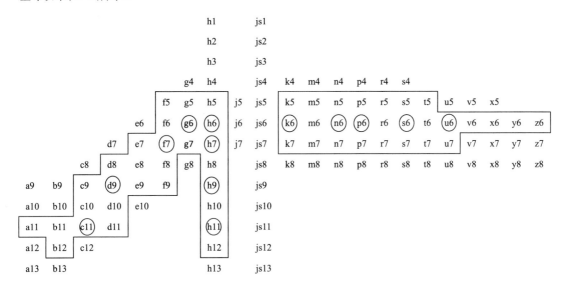

图 9-5　公称尺寸至 500 mm 的一般常用的优先轴公差带

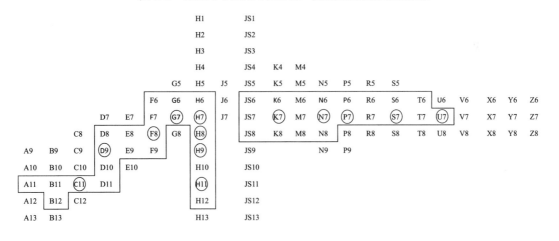

图 9-6　公称尺寸至 500 mm 的一般常用的优先孔公差带

在实际应用中，选择各类公差带的顺序是：首先选择优先公差带，其次选择常用公差带，最后选择一般公差带。

四、孔、轴极限偏差数值的确定

1. 基本偏差数值的确定

如前所述，基本偏差确定公差带的位置，国家标准对孔和轴各规定了 28 种基本偏差，国家标准中列出了轴的基本偏差数值表（附表 10）和孔的基本偏差数值表（附表 11）。

查表时应注意以下几点：

（1）基本偏差代号有大、小写之分，大写时查孔的基本偏差数值表，小写时查轴的基本偏差数值表。

（2）查公称尺寸时，对于处于公称尺寸段界限位置上的公称尺寸该属于哪个尺寸段，不要弄错。如 $\phi 10$ 应查"大于 6 至 10"一行，而不是查"大于 10 至 18"一行。

（3）分清基本偏差是上极限偏差还是下极限偏差（注意表上方有标示）。

（4）代号 j、k、J、K、M、N、P～ZC 的基本偏差数值与公差等级有关，查表时应根据基本偏差代号和公差等级查表中相应的列。

2. 另一极限偏差数值的确定

基本偏差决定了公差带中的一个极限偏差，即靠近零线的那个极限偏差，从而确定了公差带的位置，而另一个极限偏差的数值可由极限偏差和标准公差的关系式进行计算。

对于轴 $\qquad$ es=ei+IT 或 ei=es-IT $\qquad$ (9-1)

对于孔 $\qquad$ ES=EI+IT 或 EI=ES-IT $\qquad$ (9-2)

例 9-1 查表确定下列各尺寸的标准公差和基本偏差，并计算另一极限偏差。

（1）$\phi 8e7$　　（2）$\phi 50D8$　　（3）$\phi 80R6$

解：（1）$\phi 8e7$ 代表轴，通过查附表 10 得到 e 的基本偏差为上极限偏差，其数值为

$$es = 25 \ \mu m = 0.025 \ mm$$

从标准公差数值表中可查到标准公差数值为

$$IT = 15 \ \mu m = 0.015 \ mm$$

代入公式（9-1）可得另一极限偏差为

$$ei=es-IT=-0.025-0.015=-0.040 \ mm$$

（2）$\phi 50D8$ 代表孔，通过查附表 11 得到 D 的基本偏差为下极限偏差，其数值为

$$EI = +80 \ \mu m = +0.080 \ mm$$

从标准公差数值表中可查到标准公差数值为

$$IT = 39 \ \mu m = 0.039 \ mm$$

代入公式（9-2）可得另一极限偏差为

$$ES=EI+IT=+0.080+0.039=+0.119 \text{ mm}$$

（3）$\phi80R6$ 代表孔，通过查表得到 R 的基本偏差为上极限偏差，其数值为

$$ES = -43 + \Delta = -43 + 6 = -37 \ \mu m = -0.037 \text{ mm}$$

从标准公差数值表中可查到标准公差数值为

$$IT = 19 \ \mu m = 0.019 \text{ mm}$$

代入公式（9-2）可得另一极限偏差为

$$EI=ES-IT=-0.037-0.019=-0.056 \text{ mm}$$

3. 极限偏差表

上述计算方法在实际使用中较为麻烦，所以国家标准中列出了轴的极限偏差表（附表12）和孔的极限偏差表（附表13）。利用查表的方法能很快地确定孔和轴的两个极限偏差数值。

查表时仍由公称尺寸查行，由基本偏差代号和公差等级查列，行与列相交处的框格有上下两个偏差数值，上方的为上极限偏差，下方的为下极限偏差。

例 9-2　已知孔 $\phi25H8$ 与轴 $\phi25f7$ 相配合，查表确定孔和轴的极限偏差，并计算极限尺寸和公差，画出公差带图，判定配合类型，并求配合的极限间隙或极限过盈及配合公差。

解：查附表13，孔 $\phi25H8$ 的极限偏差为 $^{+33}_{0}\ \mu m$，即孔尺寸为 $\phi25^{+0.033}_{0}$ mm。

$$D_{max} = D + ES = 25 + 0.033 = 25.033 \text{ mm}$$

$$D_{min} = D + EI = 25 + 0 = 25 \text{ mm}$$

$$T_h = |ES - EI| = |0.033 - 0| = 0.033 \text{ mm}$$

查附表12，轴 $\phi25f7$ 的极限偏差为 $^{-20}_{-41}\ \mu m$，即轴的尺寸为 $\phi25^{-0.020}_{-0.041}$ mm。

$$d_{max} = d + es = 25 + (-0.020) = 24.980 \text{ mm}$$

$$d_{min} = d + ei = 25 + (-0.041) = 24.959 \text{ mm}$$

$$T_s = |es - ei| = |-0.020 - (-0.041)| = 0.021 \text{ mm}$$

孔 $\phi25H8$ 和轴 $\phi25f7$ 的公差带图解如图 9-7 所示，可以看出，孔的公差带在轴的公差带之上，此配合为间隙配合。

$$X_{max} = ES - ei = +0.033 - (-0.041) = 0.074 \text{ mm}$$

$$X_{min} = EI - es = 0 - (-0.020) = +0.020 \text{ mm}$$

$$T_f = |X_{max} - X_{min}| = |0.074 - 0.020| = 0.054 \text{ mm}$$

或

$$T_f = T_h + T_s = 0.033 + 0.021 = 0.054 \text{ mm}$$

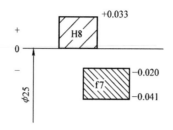

图 9-7 孔 $\phi25H8$ 和轴 $\phi25f7$ 的公差带图解

例 9-3 已知孔 $\phi60R6$ 与轴 $\phi60h5$ 相配合，查表确定孔和轴的极限偏差，并计算极限尺寸和公差，画出公差带图，判定配合类型，并求配合的极限间隙或极限过盈及配合公差。

解： 查到孔 $\phi60R6$ 的极限偏差为 $^{-35}_{-54}$ μm，即孔的尺寸为 $\phi60^{-0.035}_{-0.054}$ mm。

$$D_{\max} = D + ES = 60 + (-0.035) = 59.965 \text{ mm}$$

$$D_{\min} = D + EI = 60 + (-0.054) = 59.946 \text{ mm}$$

$$T_{\mathrm{h}} = \left|ES - EI\right| = \left|-0.035 - (-0.054)\right| = 0.019 \text{ mm}$$

查到轴 $\phi60h5$ 的极限偏差为 $^{0}_{-13}$ μm，即轴的尺寸为 $\phi60^{0}_{-0.013}$ mm。

$$d_{\max} = d + es = 60 + 0 = 60 \text{ mm}$$

$$d_{\min} = d + ei = 60 + (-0.013) = 59.987 \text{mm}$$

$$T_{\mathrm{s}} = \left|es - ei\right| = \left|0 - (-0.013)\right| = 0.013 \text{ mm}$$

孔 $\phi60R6$ 和轴 $\phi60h5$ 的公差带图解如图 9-8 所示，可以看出，轴的公差带在孔的公差带之上，此配合为过盈配合。

$$Y_{\max} = EI - es = -0.054 - 0 = -0.054 \text{ mm}$$

$$Y_{\min} = ES - ei = -0.035 - (-0.013) = -0.022 \text{ mm}$$

$$T_{\mathrm{f}} = \left|Y_{\min} - Y_{\max}\right| = \left|-0.022 - (-0.054)\right| = 0.032 \text{ mm}$$

或

$$T_{\mathrm{f}} = T_{\mathrm{h}} + T_{\mathrm{s}} = 0.019 + 0.013 = 0.032 \text{ mm}$$

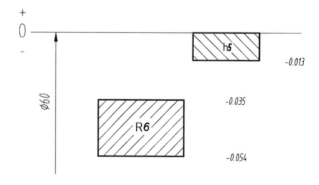

图 9-8 孔 $\phi60R6$ 和轴 $\phi60h5$ 的公差带图解

五、配合

1. 配合制

配合的性质由相配合的孔、轴公差带的相对位置决定，因而改变孔和（或）轴的公差带位置，就可以得到不同性质的配合。从理论上讲，任何一种孔的公差带和任何一种轴的公差带都可以形成一种配合。但为了便于应用，国家标准对孔与轴公差带之间的相互关系规定了两种基准制，即基孔制和基轴制。

（1）基孔制配合。

基本偏差为一定的孔的公差带与不同基本偏差的轴的公差带形成各种配合的一种制度称为基孔制。

基孔制中的孔是配合的基准件，称为基准孔。基准孔的基本偏差代号为"H"，它的基本偏差为下极限偏差，其数值为零，上极限偏差为正值，其公差带位于零线上方并紧邻零线，基孔制配合如图 9-9 所示。图中基准孔的上极限偏差用细虚线画出，以表示其公差带大小随不同公差等级变化。

基孔制中的轴是非基准件，由于轴的公差带相对零线可有各种不同的位置，因而可形成各种不同性质的配合。

（2）基轴制配合。

基本偏差为一定的轴的公差带与不同基本偏差的孔的公差带形成各种配合的一种制度称为基轴制。

基轴制中的轴是配合的基准件，称为基准轴。基准轴的基本偏差代号为"h"，它的基本偏差为上极限偏差，其数值为零，下极限偏差为负值，其公差带位于零线下方并紧邻零线，基轴制配合如图 9-10 所示。图中基准轴的下极限偏差用细虚线画出，以表示其公差带大小随不同公差等级变化。

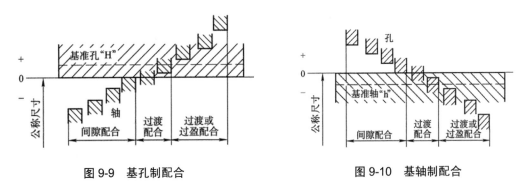

图 9-9　基孔制配合　　　　　　　　　图 9-10　基轴制配合

基轴制中的孔是非基准件，由于孔的公差带相对零线可有各种不同的位置，因而可形成各种不同性质的配合。

2. 配合代号

国家标准规定，配合代号用孔、轴公差带代号的组合表示，写成分数形式，分子为孔的公差带代号，分母为轴的公差带代号，如 H8/f7 或 $\dfrac{H8}{f7}$。在图样上标注时，配合代号标注在公称尺寸之后，如 $\phi50H8/f7$ 或 $\phi50\dfrac{H8}{f7}$，其含义是：公称尺寸为 $\phi50\,\mathrm{mm}$，孔的公差带代号为 H8，轴的公差带代号为 f7，为基孔制间隙配合。

3. 优先和常用配合

从理论上讲，任意一孔公差带和任意一轴公差带都能组成配合，因而 543 种孔公差带和 544 种轴公差带可组成近 30 万种配合。即使是常用孔、轴公差带任意组合也可形成两千多种配合，这么庞大的配合数目远远超出了实际生产的需求。为此，国家标准根据我国的生产实际需求，参照国际标准，对配合数目进行了限制。国家标准在公称尺寸至 500 mm 范围内，对基孔制规定了 59 种常用配合，对基轴制规定了 47 种常用配合。这些配合分别由轴、孔的常用公差带和基准孔、基准轴的公差带组合而成。在常用配合中又对基孔制、基轴制各规定了 13 种优先配合，优先配合分别由轴、孔的优先公差带与基准孔和基准轴的公差带组合而成。基孔制、基轴制的优先和常用配合分别见表 9-3 和表 9-4。

表 9-3　基孔制的优先和常用配合

基准孔	轴																				
	a	b	c	d	e	f	g	h	js	k	m	n	p	r	s	t	u	v	x	y	z
	间隙配合								过渡配合				过盈配合								
H6						$\dfrac{H6}{f5}$	$\dfrac{H6}{g5}$	$\dfrac{H6}{h5}$	$\dfrac{H6}{js5}$	$\dfrac{H6}{k5}$	$\dfrac{H6}{m5}$	$\dfrac{H6}{n5}$	$\dfrac{H6}{p5}$	$\dfrac{H6}{r5}$	$\dfrac{H6}{s5}$	$\dfrac{H6}{t5}$					
H7						$\dfrac{H7}{f6}$	$\dfrac{H7}{g6}$	$\dfrac{H7}{h6}$	$\dfrac{H7}{js6}$	$\dfrac{H7}{k6}$	$\dfrac{H7}{m6}$	$\dfrac{H7}{n6}$	$\dfrac{H7}{p6}$	$\dfrac{H7}{r6}$	$\dfrac{H7}{s6}$	$\dfrac{H7}{t6}$	$\dfrac{H7}{u6}$	$\dfrac{H7}{v6}$	$\dfrac{H7}{x6}$	$\dfrac{H7}{y6}$	$\dfrac{H7}{z6}$
H8				$\dfrac{H8}{e7}$		$\dfrac{H8}{f7}$	$\dfrac{H8}{g7}$	$\dfrac{H8}{h7}$	$\dfrac{H8}{js7}$	$\dfrac{H8}{k7}$	$\dfrac{H8}{m7}$	$\dfrac{H8}{n7}$	$\dfrac{H8}{p7}$	$\dfrac{H8}{r7}$	$\dfrac{H8}{s7}$	$\dfrac{H8}{t7}$	$\dfrac{H8}{u7}$				
			$\dfrac{H8}{d8}$	$\dfrac{H8}{e8}$		$\dfrac{H8}{f8}$		$\dfrac{H8}{h8}$													
H9			$\dfrac{H9}{c9}$	$\dfrac{H9}{d9}$	$\dfrac{H9}{e9}$	$\dfrac{H9}{f9}$		$\dfrac{H9}{h9}$													
H10			$\dfrac{H10}{c10}$	$\dfrac{H10}{d10}$				$\dfrac{H10}{h10}$													
H11	$\dfrac{H11}{a11}$	$\dfrac{H11}{b11}$	$\dfrac{H11}{c11}$	$\dfrac{H11}{d11}$				$\dfrac{H11}{h11}$													
H12		$\dfrac{H12}{b12}$						$\dfrac{H12}{h12}$													

注：1. $\dfrac{H6}{n5}$、$\dfrac{H7}{p6}$ 在公称尺寸小于或等于 3 mm，$\dfrac{H8}{r7}$ 在公称尺寸小于或等于 100 mm 时，为过渡配合。

2. 深底色的配合为优先配合。

表 9-4 基轴制的优先和常用配合

基准孔	轴																				
	A	B	C	D	E	h	G	H	JS	K	M	N	P	R	S	T	U	V	X	Y	Z
	间隙配合								过渡配合				过盈配合								
h6							$\frac{F6}{h5}$	$\frac{G6}{h5}$	$\frac{H6}{h5}$	$\frac{JS6}{h5}$	$\frac{K6}{h5}$	$\frac{M6}{h5}$	$\frac{N6}{h5}$	$\frac{P6}{h5}$	$\frac{R6}{h5}$	$\frac{S6}{h5}$	$\frac{T6}{h5}$				
h7							$\frac{F7}{h6}$	$\frac{G7}{h6}$	$\frac{H7}{h6}$	$\frac{JS7}{h6}$	$\frac{K7}{h6}$	$\frac{M7}{h6}$	$\frac{N7}{h6}$	$\frac{P7}{h6}$	$\frac{R7}{h6}$	$\frac{S7}{h6}$	$\frac{T7}{h6}$	$\frac{U7}{h6}$			
h8				$\frac{E8}{h7}$		$\frac{F8}{h7}$		$\frac{H8}{h7}$	$\frac{JS8}{h7}$	$\frac{K8}{h7}$	$\frac{M8}{h7}$	$\frac{N8}{h7}$								
				$\frac{D8}{h8}$	$\frac{E8}{h8}$	$\frac{F8}{h8}$		$\frac{H8}{h8}$													
h9				$\frac{D9}{h9}$	$\frac{E9}{h9}$	$\frac{F9}{h9}$		$\frac{H9}{h9}$													
h10				$\frac{D10}{h10}$				$\frac{H10}{h10}$													
h11	$\frac{A11}{h11}$	$\frac{B11}{h11}$	$\frac{C11}{h11}$	$\frac{D11}{h11}$				$\frac{H11}{h11}$													
h12		$\frac{B12}{h12}$						$\frac{H12}{h12}$													

注：1. 深底色的配合为优先配合。

六、一般公差——线性尺寸的未注公差

设计时，对机器零件上各部位提出的尺寸、形状和位置等精度要求取决于它们的使用功能要求。零件上的某些部位在使用功能上无特殊要求时，则可给出一般公差。

1. 线性尺寸的一般公差概念

线性尺寸的一般公差是在车间普通工艺条件下，机床设备一般加工能力可保证的公差。在正常维护和操作情况下，它代表经济加工精度。

国家标准规定：采用一般公差时，在图样上不单独注出公差，而是在图样上、技术条件或技术标准中做出总的说明。

采用一般公差时，在正常的生产条件下，尺寸一般可以不进行检验，而由工艺保证。如冲压件的一般公差由模具保证，短轴端面对轴线的垂直度由机床的精度保证。

零件图样上采用一般公差后，可带来以下好处：一般零件上的多数尺寸属于一般公差，不予注出，这样可简化制图，使图样清晰易懂。图样上突出了标有公差要求的部位，以便在加工和检测时引起重视，还可简化零件上某些部位的检测。

2. 线性尺寸的一般公差标准

（1）适用范围。

线性尺寸的一般公差标准既适用于金属切削加工的尺寸，也适用于一般冲压加工的尺寸，非金属材料和其他工艺方法加工的尺寸也可参照采用。国家标准规定线性尺寸的一般公差适用于非配合尺寸。

（2）公差等级与数值。

线性尺寸的一般公差规定了四个等级，即 f（精密级）、m（中等级）、c（粗糙级）和 v（最粗级）。一般公差线性尺寸的极限偏差数值见表 9-5，一般公差倒角半径与倒角高度尺寸的极限偏差数值见表 9-6。

表 9-5　一般公差线性尺寸的极限偏差数值　　　　　　　　　　　　　mm

公差等级	尺寸分段							
	0.5～3	3～6	6～30	30～120	120～400	400～1 000	1 000～2 000	2 000～4 000
f（精密级）	±0.05	±0.05	±0.1	±0.15	±0.2	±0.3	±0.5	—
m（中等级）	±0.1	±0.1	±0.2	±0.3	±0.5	±0.8	±1.2	±2
c（粗糙级）	±0.2	±0.3	±0.5	±0.8	±1.2	±2	±3	±4
v（最粗级）	—	±0.5	±1	±1.5	±2.5	±4	±6	±8

表 9-6　一般公差倒角半径与倒角高度尺寸的极限偏差数值　　　　　　　mm

公差等级	尺寸分段			
	0.5～3	3～6	6～30	30
f（精密级）	±0.2	±0.5	±1	±2
m（中等级）				
c（粗糙级）	±0.4	±1	±2	±4
v（最粗级）				

3. 线性尺寸的一般公差的表示方法

在图样上、技术文件或技术标准中用线性尺寸的一般公差标准号和公差等级符号表示；例如当一般公差选用中等级时，可在零件图样上（标题栏上方）标明：未注公差尺寸按 GB/T 1804—m。

七、温度条件

一个零件在某一温度条件下测量合格，而在另一温度条件下测量可能不合格，特别是高精度零件出现这种情况的可能性更大。所以标准中明确规定：尺寸的基准温度为 20 ℃。这一规定的含义是：图样上和标准中规定的极限与配合是在 20 ℃时给定的，因此测量结果应以工件和测量器具的温度在 20 ℃时为准。

八、公差带和配合的选用

在机械制造中，合理地选用公差带与配合是非常重要的，它对提高产品的性能、质量以及降低制造成本都有重大的作用。公差带与配合的选择就是公差等级和配合制选择。

1. 公差等级的选用

选择公差等级时要正确处理机器零件的使用性能和制造工艺及成本之间的关系。一般来说，公差等级高，使用性能好，但零件加工困难，生产成本高；反之，公差等级低，零件加工容易，生产成本低，但零件使用性能也较差。因而选择公差等级时要综合考虑使用性能和经济性能两方面的因素，总的原则是：在满足使用要求的条件下，尽量选取低的公差等级。

公差等级的选用一般情况下用类比的方法，即参考经过实践证明是合理的典型产品的公差等级，结合待定零件的配合、工艺和结构等特点，经分析对比后确定公差等级。用类比法选择公差等级时，应掌握各公差等级的应用范围，以便类比选择时有所依据。

表 9-7 列出了公差等级的大体应用范围，表 9-8 列出了公差等级的主要应用实例，表 9-9 列出了各种加工方法所能达到的公差等级。

表 9-7　公差等级的大体应用范围

应用	公差等级 IT																			
	01	0	1	2	3	4	5	6	7	8	9	10	11	12	13	14	15	16	17	18
量块	—	—	—																	
量规			—	—	—	—	—	—	—											
特别精密的配合				—	—	—	—													
一般配合							—	—	—	—	—	—	—	—						
非配合尺寸														—	—	—	—	—	—	—
原材料配合									—	—	—	—	—	—	—					

表9-8　公差等级的主要应用实例

公差等级	主要应用实例
IT01～IT1	一般用于精密标准量块。IT1 也用于检验 IT6 和 IT7 级轴用量规的校对量规
IT2～IT7	用于检验工件 IT5～IT6 的量规的尺寸公差
IT3～IT5（孔为IT6）	用于精度要求很高的重要配合。例如机床主轴与精密滚动轴承的配合，发动机活塞销与连杆孔和活塞孔的配合 配合公差很小，对加工要求很高，应用较少
IT6（孔为IT7）	用于机床、发动机和仪表中的重要配合。例如机床传动机构中的齿轮与轴的配合，轴与轴承的配合，发动机中活塞与气缸、曲轴与轴承、气阀杆与导套的配合等 配合公差很小，对加工要求很高，应用较少
IT7，IT8	用于机床和发动机中不太重要的配合，也用于重型机械、农业机械、纺织机械、机车车辆等的重要配合。例如机床上操纵杆的支承配合，发动机中活塞环与活塞环槽的配合，农业机械中齿轮与轴的配合等 配合公差中等，加工易于实现，在一般机械中广泛应用
IT9，IT10	用于一般要求，或长度精度要求较高的配合。某些非配合尺寸的特殊要求，例如飞机机身的外壳尺寸，由于质量限制，要求达到 IT9 或 IT10
IT11，IT12	多用于各种没有严格要求，只要求便于连接的配合。例如螺栓和螺孔、铆钉和孔的配合
IT12～IT18	用于非配合尺寸和粗加工的工序尺寸。例如手柄的直径、壳体的外形和壁厚尺寸，以及端面之间的距离等

表9-9　各种加工方法所能达到的公差等级

加工方法	公差等级 IT																
	01	0	1	2	3	4	5	6	7	8	9	10	11	12	13	14	15	16
研磨	—	—	—	—	—	—	—										
珩						—	—	—	—								
圆磨						—	—	—	—	—							
平磨						—	—	—	—	—							
金刚石车							—	—	—								
金刚石镗							—	—	—								
拉削							—	—	—	—							
铰孔								—	—	—	—						
车									—	—	—	—	—				
镗									—	—	—	—	—				
铣										—	—	—	—				

续表

加工方法	公差等级 IT																	
	01	0	1	2	3	4	5	6	7	8	9	10	11	12	13	14	15	16
刨、插												—	—					
钻孔												—	—	—	—			
滚压、挤压												—	—					
冲压												—	—	—	—	—		
压铸													—	—	—	—		
粉末冶金成型								—	—	—								
粉末冶金烧结									—	—	—							
砂型铸造、气割																		—
锻造																	—	

2. 配合制的选用

（1）一般情况下，应优先选用基孔制。这是因为中、小尺寸段的孔精加工一般采用铰刀、拉刀等定尺寸刀具，检验也多采用塞规等定尺寸测量工具，而轴的精加工不存在这类问题。因此，采用基孔制可大大减少定尺寸刀具和测量工具的品种和规格，有利于刀具和测量工具的生产和储备，从而降低成本。

在有些情况下可采用基轴制。例如采用冷拔圆棒料制作精度要求不高的轴，由于这种棒料外圆的尺寸、形状相当准确，表面光洁，因而外圆不需要加工就能满足配合要求，这时采用基轴制在技术上、经济上都是合理的。

（2）与标准件配合时，配合制的选择通常依标准件而定。例如滚动轴承内圈与轴的配合采用基孔制，而滚动轴承外圆与孔的配合采用基轴制（图 9-11）。

图 9-11　与滚动轴承配合的基准制的选择

【任务拓展】

1. 标准公差的数值与两个因素有关，它们是＿＿＿＿＿＿＿＿＿＿＿＿＿＿＿＿＿＿＿
和＿＿＿＿＿＿＿＿＿＿＿。

2. 国家标准设置了＿＿＿＿＿＿＿个标准公差，其中＿＿＿＿＿＿＿级精度最高，
＿＿＿＿＿＿＿级精度最低。

3. 同一公差等级对所有公称尺寸的一组公差被认为具有＿＿＿＿＿＿＿的精确程度，
但却有＿＿＿＿＿＿＿的公差数值。

4. 在公称尺寸相同的情况下，公差等级越高，公差值＿＿＿＿＿＿＿。

5. 在公差等级相同的情况下，不同的尺寸段，公称尺寸越大，公差值＿＿＿＿＿＿＿。

6. 在同一尺寸段内，尽管公称尺寸不同，但只要公差等级相同，其标准公差值就
＿＿＿＿＿＿＿。

7. 用以确定公差带相对于零线位置的上极限偏差或下极限偏差称为＿＿＿＿＿，此偏差
一般为靠近＿＿＿＿＿＿的那个偏差。

8. 轴和孔各有＿＿＿＿＿个基本偏差代号。孔和轴同字母的基本偏差相对零线基本呈
＿＿＿＿＿＿＿分布。

9. 孔的基本偏差中从＿＿＿＿至 H 为下极限偏差，它们的绝对值依次逐渐＿＿＿＿＿；从 J
至＿＿＿＿为上极限偏差，其绝对值依次逐渐＿＿＿＿＿＿。

10. 轴的基本偏差中从＿＿＿至 h 为上极限偏差，它们的绝对值依次逐渐＿＿＿＿＿；从 j
至＿＿＿＿为下极限偏差，其绝对值依次逐渐＿＿＿＿＿＿。

11. ＿＿＿＿＿＿＿确定公差带的位置，＿＿＿＿＿＿＿＿确定公差带的大小。

12. 孔、轴公差带代号由＿＿＿＿＿＿＿代号与＿＿＿＿＿＿＿数字组成。

13. 国家标准对公称尺寸至 500 mm 的孔、轴规定了＿＿＿＿＿＿＿、＿＿＿＿＿＿＿
和＿＿＿＿＿＿＿三类公差带。

14. 国家标准对孔和轴公差带之间的相互关系规定了两种基准制，即＿＿＿＿＿＿＿
和＿＿＿＿＿＿＿＿＿。

15. 基孔制是基本偏差为＿＿＿＿＿＿＿＿＿的孔的公差带与＿＿＿＿＿＿＿＿基本偏
差的轴的公差带形成各种配合的一种制度。

16. 基孔制中的孔称为＿＿＿＿＿＿＿＿，其基本偏差为＿＿＿＿＿＿＿偏差，代号
为＿＿＿＿＿＿＿，数值为＿＿＿＿＿＿＿，其公差带在零线以＿＿＿＿＿＿＿。

17. 基轴制中的轴称为＿＿＿＿＿＿＿＿＿，其基本偏差为＿＿＿＿＿＿偏差，代号为
＿＿＿＿，数值为＿＿＿＿＿＿＿，其公差带在零线以＿＿＿＿＿＿＿。

18. 配合代号用孔、轴＿＿＿＿＿＿的组合表示，写成分数形式，分子为＿＿＿＿＿＿，分母

为_____。

19. 国家标准对线性尺寸的一般公差规定了四个等级，即_____、m（中等级）、_____、_____。

20. 国家标准中规定尺寸的基准温度为_____℃。

21. 公差带与配合的选择就是_____、_____和与_____的选择。

22. 选择公差等级时要综合考虑_____和_____两方面的因素，总的选择原则是：在满足_____的条件下，尽量选取_____的公差等级。

23. 配合制的选用原则是在一般情况下优先采用_____，有些情况下可采用_____；若与标准件配合时，配合制则依_____而定。

24. 公差等级的选用，一般情况下用_____的方法。

25. 标注尺寸公差时可采用哪几种形式？举例说明。

26. 对标准公差的论述，下列说法中错误的是（　　）。

　　A. 标准公差的大小与公称尺寸和公差等级有关，与该尺寸表示的是孔还是轴无关

　　B. 在任何情况下，公称尺寸越大，标准公差必定越大

　　C. 公称尺寸相同，公差等级越低，标准公差越大

　　D. 某一公称尺寸段为 50～80 mm，则公称尺寸为 60 mm 和 75 mm 的同等级的标准公差数值相同

27. 确定不在同一尺寸段的两尺寸的精确程度，是根据（　　）。

　　A. 两个尺寸的公差数值的大小　　B. 两个尺寸的基本偏差

　　C. 两个尺寸的公差等级　　D. 两个尺寸的实际偏差

28. $\phi 20_{0}^{+0.033}$ mm 与 $\phi 200_{0}^{+0.072}$ mm 相比，其尺寸精确程度（　　）。

    A. 相同   B. 前者高，后者低

    C. 前者低，后者高   D. 无法比较

29. $\phi 20f6$、$\phi 20f7$、$\phi 20f8$ 三个公差带（　　）。

    A. 上、下极限偏差相同

    B. 上极限偏差相同，但下极限偏差不相同

    C. 上、下极限偏差不相同

    D. 上极限偏差不相同，但下极限偏差相同

30. 下列孔与基准轴配合，组成间隙配合的是（　　）。

    A. 孔的上、下极限偏差均为正值

    B. 孔的上极限偏差为正，下极限偏差为负

    C. 孔的上、下极限偏差均为负值

    D. 孔的上极限偏差为零，下极限偏差为负

31. $\phi 65H7/f9$ 组成了（　　）。

    A. 基孔制间隙配合   B. 基轴制间隙配合

    C. 基孔制过盈配合   D. 基轴制过盈配合

32. 下列配合中，公差等级选择不当的是（　　）。

    A. H7/g6   B. H9/g9   C. H7/f8   D. M8/h8

33. 对于"一般公差——线性尺寸的未注公差"，下列说法错误的是（　　）。

    A. 一般公差主要用于较低精度的非配合尺寸

    B. 零件上的某些部位在使用功能上无特殊要求时，可给出一般公差

    C. 线性尺寸的一般公差是在车间普通工艺条件下，机床设备一般加工能力可保证的公差

    D. 图样上未标注公差的尺寸表示加工时没有公差要求及相关的加工技术要求

34. 关于公差等级的选用，下列说法中错误的是（　　）。

    A. 公差等级越高，使用性能越好，但零件加工困难，生产成本高

    B. 公差等级低，零件加工容易，生产成本低，但零件使用性能也较差

    C. 公差等级的选用，一般情况下采用试验法

35. 下列各零件中，公差等级选用不合理的是（　　）。

    A. 机床手柄直径选用 IT5

    B. 发动机活塞选用 IT6

    C. 量块选用 IT0

36. 要加工一公差等级为 IT6 的孔，以下加工方法不能采用的是（　　　）。

　　A. 磨削　　　　　B. 车削　　　　　C. 铰削

37. 下列情况中，不能采用基轴制配合的是（　　　）。

　　A. 采用冷拔圆型材做轴

　　B. 滚动轴承内圈与转轴轴颈的配合

　　C. 滚动轴承外圈与壳体孔的配合

38. 查标准公差数值表和基本偏差数值表确定下列尺寸的标准公差和基本偏差，并计算出另一极限偏差。

　　（1）$\phi 125B9$　　　　　　　　　　　　　（2）$\phi 60f6$

　　（3）$\phi 30S5$　　　　　　　　　　　　　（4）$\phi 40js5$

　　（5）$\phi 36n7$　　　　　　　　　　　　　（6）$\phi 12C11$

39. 计算下列尺寸的尺寸公差，并绘制尺寸公差带图。

　　（1）孔 $\phi 50^{+0.039}_{0}$ mm

　　（2）轴 $\phi 65^{-0.060}_{-0.134}$ mm

（3）孔 $\phi 120^{+0.034}_{-0.020}$ mm

（4）轴 $\phi 80 \pm 0.023$ mm

40. 图 9-12 所示为一组配合的孔、轴公差带图，试根据此图解答下列问题：

（1）孔、轴的公称尺寸是多少？

（2）孔、轴的基本偏差时多少？

（3）分别计算孔、轴的上、下极限尺寸。

（4）判别配合制及配合类型。

（5）计算极限过盈（或极限间隙）和配合公差。

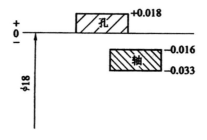

图 9-12　40 题图

41. 已知三对配合的孔、轴公差带为：

孔公差带	轴公差带
$\phi 25^{+0.021}_{0}$	$\phi 25^{-0.020}_{-0.0330}$
$\phi 25^{+0.021}_{0}$	$\phi 25 \pm 0.006\,5$
$\phi 25^{+0.021}_{0}$	$\phi 25^{0}_{-0.013}$

（1）若当公称尺寸为$\phi25\text{ mm}$时，f 的基本偏差为 $-25\ \mu m$，IT7=21 μm，IT6=13 μm，试写出上述配合代号。

（2）指出上述三对配合的异同点。

42. 为什么一般情况下要优先选用基孔制配合？并举例说明什么情况下选择基轴制配合较为合理。

【任务评价】

1. 能否准确叙述出标准公差等级，并正确查阅标准公差数值表。
2. 能否正确叙述基本偏差的含义，认识基本偏差系列图及其特征。
3. 能否根据基本偏差和标准公差查表确定孔和轴的极限偏差值。
4. 能否正确叙述基孔制和基轴制配合的意义并正确选用优先配合。

任务十 表面结构要求

■ 【学习目标】

1. 能准确叙述表面结构要求的概念，列举表面结构要求对零件使用性能的影响
2. 理解并认识评定表面结构要求的各参数的含义
3. 能正确绘制及叙述表面结构要求符号、代号所表示的含义
4. 能列举出常用的表面结构要求的选用原则和检测方法

■ 【任务引入】

经过机械加工后的零件表面，如在放大镜或显微镜下观察，会发现许多高低不平的凸峰和凹谷，表面粗糙度如图 10-1 所示。我们在实际生产中应该如何控制零件表面的加工质量？

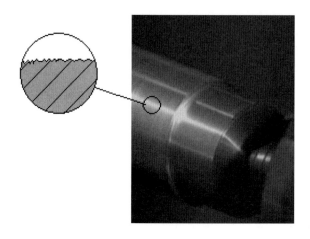

图 10-1 表面粗糙度

■ 【任务分析】

零件图中除了图形和尺寸外，还有制造该零件时应满足的一些加工要求，通常称为"技术要求"，如表面粗糙度、尺寸公差、几何公差等。表面结构要求就是对零件表面加工质量提出的具体技术要求。

【任务实施】

一、表面结构要求的基本术语和评定参数

表面结构要求包括零件表面的表面结构参数、加工工艺、表面纹理及方向、加工余量、传输带和取样长度等。

1. 表面结构要求的概念

零件经过加工后的表面会留有许多高低不平的凸峰和凹谷，如图 10-1 所示。表面质量与加工方法、刀刃形状和切削用量等各种因素都有密切的关系。它对于零件摩擦、磨损、配合性质、疲劳强度、接触刚度等都有显著影响。

（1）对摩擦、磨损的影响。

当两个表面做相对运动时，一般情况下，表面越粗糙，其摩擦因数、摩擦阻力越大，磨损也越快。

（2）对配合性质的影响。

对间隙配合，粗糙表面会因峰尖很快磨损而使间隙很快增大；对过盈配合，粗糙表面的峰顶被挤平，使实际过盈减小，影响连接强度。

（3）对疲劳强度的影响。

表面越粗糙，微观不平的凹痕就越深，在交变应力的作用下易产生应力集中，使表面出现疲劳裂纹，从而降低零件的疲劳强度。

（4）对接触刚度的影响。

表面越粗糙，表面间的实际接触面积就越小，单位面积受力就越大，使峰顶处的局部塑性变形增大，接触刚度降低，从而影响机器的工作精度和抗震性能。

此外，表面质量还影响零件表面的抗腐蚀性及结合表面的密封性和润滑性能等。

总之，表面质量直接影响零件的使用性能和寿命。因此，应对零件的表面质量加以合理的规定。

2. 表面结构要求的评定参数

表面结构要求的评定参数包括有 R 轮廓（表面粗糙度参数）、W 轮廓（波纹度参数）、P 轮廓（原始轮廓参数）。本书仅学习轮廓参数中 R 轮廓参数（表面粗糙度参数），包括 Ra 和 Rz。

（1）算术平均偏差 Ra。

指在取样长度内轮廓上各点至轮廓中线距离的算术平均值。算术平均偏差 Ra 和轮廓最大高度 Rz 如图 10-2 所示，其表达式为

$$Ra = \frac{1}{n}(Y_1 + Y_2 + \cdots + Y_n)$$

式中，$Y_1, Y_2, \cdots, Y_n$ 为轮廓上各点至轮廓中线的距离。

（2）轮廓最大高度 Rz。

轮廓最大高度是指在一个取样长度内，最大轮廓峰高与最大轮廓谷深之和的高度（图 10-2）。

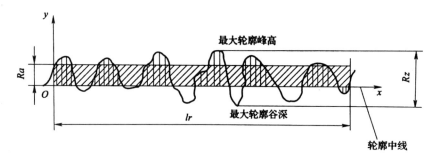

图 10-2　算术平均偏差 Ra 和轮廓最大高度 Rz

3. 表面评定结构的相关术语

（1）取样长度（lr）。

取样长度是指用于判别具有表面粗糙度特征的一段基准线长度。标准规定取样长度按表面粗糙程度选取相应的数值，在取样长度范围内，一般应有 5 个以上的轮廓峰和轮廓谷。

（2）评定长度（ln）。

评定长度是指在评定表面粗糙度时所必需的一段长度，它可以包括一个或几个取样长度。一般情况下，按标准推荐取 $ln=5lr$。若被测表面均匀性好，可选用小于 $5lr$ 的评定长度值；反之，均匀性较差的表面应选用大于 $5lr$ 的评定长度值。

（3）极限值判断规则。

完工零件的表面按检验规范测得轮廓参数值后，需与所需检测的零件图上给定的极限值比较，以判断其是否合格。极限值判断规则有两种：

① 16%规则。运用本规则时，当被检表面测得的全部参数值中超过极限值的个数不多于总个数的 16%时，该表面是合格的。

② 最大规则。运用本规则时，被检的整个表面上测得的参数值一个也不应超过给定的极限值。

16%规则是所有表面结构要求标注的默认规则，即当参数代号后未注定"max"字样时，均默认为应用 16%规则；反之，则为应用最大规则。

二、表面结构要求的标注

1. 表面结构的符号及代号的含义

（1）表面结构符号。

表面结构符号的含义见表 10-1。

表 10-1 表面结构符号的含义

符号	说明
$\checkmark$	基本图形符号：仅用于简化代号标注，没有补充说明时不能单独使用
$\checkmark$	扩展图形符号：表示用去除材料的方法获得的表面，如通过机械加工获得的表面
$\checkmark$	扩展图形符号：表示不去除材料的表面，如铸、锻、冲压成型、热轧、冷轧、粉末冶金等；也用于保持上道工序形成的表面，不管这种状况是通过去除材料或不去除材料形成的
$\sqrt{}$ $\sqrt{}$ $\sqrt{}$	完整图形符号：当要求标注表面结构特征的补充信息时，应在原符号上加一横线

（2）表面结构代号。

国家标准中，表面结构代号中各参数注写位置如图 10-3 所示。

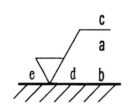

a—表面结构的单一要求；

a、b—两个或多个表面结构要求；

在位置 a 注写第一个表面结构要求，在位置 b 注写第二个表面结构要求。

c—加工方法；

d—表面纹理和方向；

e—所要求的加工余量，以毫米为单位给出数值。

图 10-3 表面结构代号

表面结构代号是在其完整图形符号上标注各项参数构成的，其含义见表 10-2。

表 10-2　表面结构代号的含义

代号	含义
√ Rz0.4	表示不允许去除材料，单向上限值，R 轮廓，粗糙度的最大高度为 0.4 μm，评定长度为 5 个取样长度（默认），"16%规则"（默认）
√ Rzmax0.2	表示去除材料，单向上限值，R 轮廓，粗糙度的最大高度为 0.2 μm，评定长度为 5 个取样长度（默认），"最大规则"
√ URamax3.2 LRa0.8	表示不允许去除材料，双向极限值，R 轮廓，上限值：算术平均偏差为 3.2 μm，评定长度为 5 个取样长度（默认），"最大规则"；下限值：算术平均偏差为 0.8 μm，评定长度为 5 个取样长度（默认），"16%规则"（默认）

注：表面结构参数中表示单向极限值时，只标注参数代号、参数值，默认为参数的上限值；在表示双向极限时应标注极限代号，上限值在上方用 U 表示，下限值在下方用 L 表示。如果同一个参数具有双向极限要求，在不引起歧义的情况下，可以不加 U、L。

2. 表面结构的符号及代号在图样上的标注

表面结构代（符）号可标注在轮廓线、尺寸界线或其延长线上，符号应从材料外指向并接触表面，其参数的注写和读取方向与尺寸数字的注写和读取方方向一致。必要时，表面结构代（符）号可用带箭头或黑点的指引线引出标注。在不致引起误解时，表面结构要求还可以标注在给定的尺寸线上。表面结构要求还可标注在形位公差框格上方。标注示例如图 10-4、图 10-5 所示。

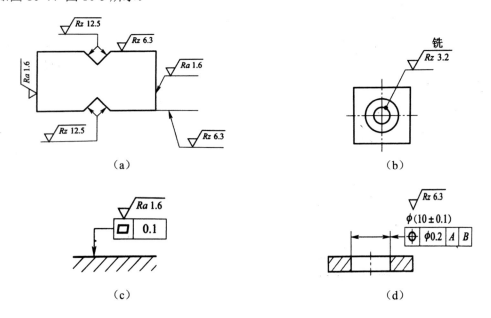

图 10-4　表面结构代（符）号在图样上的标注

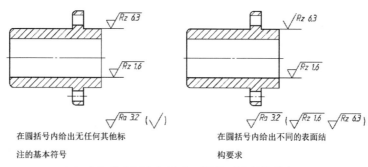

（a）大部分表面有相同表面结构要求的简化标注

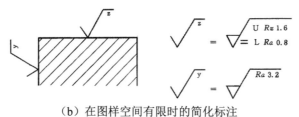

（b）在图样空间有限时的简化标注

图 10-5　表面结构代（符）号在图样上的简化标注

表面结构要求的新旧标准对照见表 10-3。

表 10-3　表面结构要求的新旧标准对照

旧标准	新标准	新标准简要说明
1.6∨	√Ra1.6	Ra 采用"16%规则"
1.6max∨	√Ramax1.6	Ra 采用"最大规则"
1.6/0.8∨	√−0.8/Ra1.6	取样长度为 0.8 mm，Ra 采用"16%规则"
Ry3.2/0.8∨	√−0.8/Rz3.2	取样长度为 0.8 mm，Rz 采用"16%规则"
1.6 Ry6.3∨	√Ra1.6 Rz6.3	两个参数 Ra 和 Rz，采用"最大规则"
3.2 1.6∨	√U Ra3.2 L Ra1.6	Ra 的上、下限值采用"16%规则"

注：① 新标准中表面结构参数标注的写法已经改变，现为大小写斜体，如 Ra、Rz。

　　② 新标准 Rz 为旧标准 Ry 的定义，原 Ry 符号不再使用。

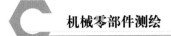

三、R轮廓参数（表面粗糙度参数）的选用及检测

1. R轮廓参数（表面粗糙度参数）值的选用

R轮廓参数（表面粗糙度参数）值的选择应遵循在满足表面功能要求的前提下，尽量选用较大的粗糙度参数值的基本原则，以便简化加工工艺，降低加工成本。

R轮廓参数（表面粗糙度参数）值的选择一般采用类比法。

具体选择时应考虑下列因素：

（1）在同一零件上，工作表面一般比非工作表面的粗糙度参数值要小。

（2）摩擦表面比非摩擦表面的粗糙度参数值要小；滚动摩擦表面比滑动摩擦表面的粗糙度参数值要小；运动速度高、压力大的摩擦表面比运动速度低、压力小的摩擦表面的粗糙度参数值要小。

（3）承受循环载荷的表面及易引起应力集中的结构（圆角、沟槽等），其粗糙度参数值要小。

（4）配合精度要求高的结合表面、配合间隙小的配合表面及要求连接可靠且承受重载的过盈配合表面均应取较小的粗糙度参数值。

（5）配合性质相同时，在一般情况下，零件尺寸越小，则粗糙度参数值应越小；在同一精度等级时，小尺寸比大尺寸、轴比孔的粗糙度参数值要小；通常在尺寸公差、表面形状公差小时，粗糙度参数值要小。

（6）防腐性、密封性要求越高，粗糙度参数值应越小。

2. R轮廓参数（表面粗糙度参数）的检测

检测表面粗糙度参数要求不严的表面时，通常采用比较法；检测精度较高、要求获得准确评定参数时，则须采用专业仪器检测粗糙度参数。

（1）比较法。

比较法是将被测表面与标准粗糙度样块进行比较，用目测和手摸的感触来判断粗糙度的一种检测方法。比较时还可借助放大镜、比较显微镜等工具，以减少误差，提高判断的准确性。比较时，应使样块与被检测表面的加工纹理方向保持一致。

这种方法简便易行，适合在车间现场使用。但其评定的可靠性在很大程度上取决于检测人员的经验。

（2）仪器检测法。

传统的仪器检测方法有光切法、干涉法和感触法（又称针描法）。

光切法和干涉法分别是利用光切显微镜、干涉显微镜观测被测表面实际轮廓的放大光亮带和干涉条纹，再通过测量、计算获得 Rz 值的方法。

感触法（针描法）是利用电动轮廓仪（图 10-6）测量被测表面的 Ra 值的方法。测量时使触针以一定的速度划过被测表面，传感器将触针随被测表面的微小峰谷的上下移动转化成电信号，并经过传输、放大和积分运算处理后，通过显示器或打印的方式显示 Ra 值。

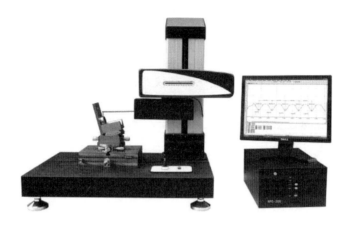

图 10-6　电动轮廓仪

随着电子技术的发展，利用光电、传感、微处理器、液晶显示等先进技术制造的各种表面粗糙度测量仪在生产中的应用越来越广泛。如图 10-7 所示的各种微控表面粗糙度测量仪，在测量表面粗糙度时，一般都可直接显示被测表面实际轮廓的放大图形和多项粗糙度特性参数数值，有的还具有打印功能，可将测得的参数和图形直接打印出来，如图 10-7（b）所示。

（a）　　　　　　　　　　　（b）　　　　　　　　　　　（c）

图 10-7　微控表面粗糙度测量仪

【任务拓展】

1. 表面结构要求包括零件表面的＿＿＿＿＿＿＿、＿＿＿＿＿＿＿、＿＿＿＿＿＿＿、＿＿＿＿＿＿＿和＿＿＿＿＿＿＿等。

2. 表面结构要求的评定参数包括＿＿＿＿＿＿＿、＿＿＿＿＿＿＿、＿＿＿＿＿＿＿。其中，R 轮廓参数（表面粗糙度参数）包括＿＿＿＿＿和＿＿＿＿＿。

3. 轮廓算术平均偏差是指在＿＿＿＿＿＿＿内轮廓上各点至＿＿＿＿＿＿＿距离的

_____值。

4. 表面结构代号可标注在_____、_____或_____，符号应从_____指向并_____，其参数的注写和读取方向与尺寸数字的注写和读取方向_____。

5. R 轮廓参数（表面粗糙度参数）值选择的基本原则是在满足表面_____的前提下，尽量选用_____的粗糙度参数值，选择时一般采用_____法。

6. 检测表面粗糙度的方法分_____法和仪器检测法两大类，传统的仪器检测方法有_____、_____和_____。

7. 表面粗糙度反映的是零件被加工表面上的（　　　）。

　　A. 微观几何形状误差

　　B. 表面波纹度

　　C. 宏观几何形状误差

　　D. 形状误差

8. 关于表面粗糙度对零件使用性能的影响，下列说法中错误的是（　　　）。

　　A. 一般情况下表面越粗糙，磨损越快

　　B. 表面粗糙度影响间隙配合的稳定性或过盈配合的连接强度

　　C. 表面越粗糙，表面接触面受力时，峰顶处的局部塑性变形越大，从而降低了零件的疲劳强度

　　D. 减小表面粗糙度值可提高零件表面的抗腐蚀性

9. 当零件表面是用铸造的方法获得时，标注表面结构时应采用（　　　）符号表示。

A. $\sqrt{}$　　　　　B. $\sqrt{}$　　　　　C. $\sqrt{}$　　　　　D. $\sqrt{}$

10. 关于 R 轮廓参数（表面粗糙度参数）的高度参数，下列说法中错误的是（　　　）。

　　A. Ra 能充分反映零件表面微观几何形状高度方面的特性

　　B. 标准规定优先选用 Ra

　　C. Ra 的测定比较简便

　　D. 对零件的一个表面只能标注一个高度参数值

11. 关于表面粗糙度符号、代号在图样上的标注，下列说法中错误的是（　　　）。

　　A. 符号的尖端必须由材料内指向表面

　　B. 代号中数字的注写方向必须与尺寸数字的方向一致

　　C. 表面粗糙度符号或代号在图样上一般注在可见轮廓线、尺寸界线、引出线或它们的延长线上

　　D. 当工件的大部分（包括全部）表面有相同的表面结构要求时，这个表面结构要求可统一标注在图样的标题栏附近

12. 什么是表面粗糙度？表面粗糙度对零件的使用性能有什么影响？

13. 什么是评定长度？一般情况下评定长度如何取值？

【任务评价】

1. 能否准确绘制及叙述出表面结构要求符号、代号所表示的含义。
2. 能否列举出表面结构要求对零件使用性能的影响。

任务十一　几何公差

【学习目标】

1. 能准确叙述几何公差有关的各种要素的定义及其特点
2. 能准确说出几何公差的项目分类、项目名称及对应的符号
3. 能准确画出几何公差代号和基准符号
4. 能正确标注各类几何公差
5. 能准确叙述几何公差各项目的含义及应用

【任务分析】

在机械制造中，由于机床精度、工件的装夹精度和加工过程中的变形等多种因素的影响，加工后的零件不仅会产生尺寸误差，还会产生几何误差，即零件表面、中心轴线等的实际形状和位置偏离设计所要求的理想形状和位置，从而产生误差。零件的几何误差同样会影响零件的使用性能和互换性。如孔轴配合时，如果轴线存在较大的弯曲，就不可能满足配合要求，甚至无法装配。因此，零件图样上除了规定尺寸公差来限制尺寸误差外，还规定了几何公差来限制几何误差，以满足零件的功能要求。为了满足互换性的要求，国家标准制定了一系列几何公差标准，本章只对其中常用几何公差标准的部分内容做简要介绍。

【任务实施】

一、零件的几何要素

零件的形状和结构虽然各式各样，但它们都是由一些点、线、面按一定的几何关系组合而成。图 11-1 所示的顶尖就是由球面、圆锥面、平面、圆柱面、轴线、球心等构成。这些构成零件形体的点、线、面称为零件的几何要素。零件的几何误差就是关于零件各个几何要素的自身形状、方向、位置、跳动所产生的误差，几何公差就是对这些几何要素的形状、方向、

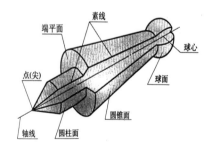

图 11-1　顶尖的几何要素

位置、跳动所提出的精度要求。

零件的几何要素可以按照以下几种方式分类，零件几何要素的分类见表 11-1。

表 11-1　零件几何要素的分类

分类方式	种类	定义
按存在的状态分	理想要素	具有几何意义的要素
	实际要素	零件上实际存在的要素
按在几何公差中所处的地位分	被测要素	图样上给出了几何公差的要素
	基准要素	用来确定被测要素的方向或（和）位置的要素
按几何特征分	组成要素	构成零件外形的点、线、面
	导出要素	表示组成要素的对称中心的点、线、面

二、几何公差的项目及符号

几何公差可分为形状公差、方向公差、位置公差和跳动公差。

几何公差各项目的名称和符号见表 11-2。

表 11-2　几何公差各项目的名称和符号

公差类型	几何特征	符号	有无基准
形状公差	直线度	⏤	无
	平面度	⏥	无
	圆度	○	无
	圆柱度	⌭	无
	线轮廓度	⌒	无
	面轮廓度	⌓	无
方向公差	平行度	∥	有
	垂直度	⊥	有
	倾斜度	∠	有
	线轮廓度	⌒	有
	面轮廓度	⌓	有
位置公差	位置度	⌖	有或无
	同心度（用于中心点）	◎	有
	同轴度（用于轴线）	◎	有

续表

公差类型	几何特征	符号	有无基准
位置公差	对称度	=	有
	线轮廓度	⌒	有
	面轮廓度	◠	有
跳动公差	圆跳动	⟋	有
	全跳动	⟋⟋	有

三、几何公差带

构成加工后的零件形体的各实际要素，其形状和位置在空间的各个方向都有可能产生误差，为了限制这两种误差，可以根据零件的功能要求，给实际要素一个允许变动的区域。若实际要素位于这一区域内，即为合格，超出这一区域时，则不合格。这个限制实际要素变动的区域称为几何公差带。

图样上所给出的几何公差要求实际上都是对实际要素规定的一个允许变动的区域，即给定一个公差带。

1. 公差带的形状

公差带的形状是由公差项目及被测要素与基准要素的几何特征来确定的。

2. 公差带的大小

公差带的大小是指公差带的宽度、直径或半径公差的大小，它由图样上给定的几何公差值确定。

四、几何公差的代号和基准符号

1. 几何公差的代号

几何公差的代号包括几何公差框格和指引线，几何公差有关项目的符号，几何公差数值和其他有关符号，基准符号字母和其他有关符号等。

公差框格分成两格或多格式，框格内从左到右填写以下内容，几何公差的代号如图 11-2 所示。

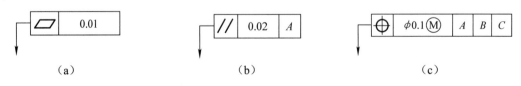

（a）　　　　　　　　　　（b）　　　　　　　　　　（c）

图 11-2　几何公差的代号

（1）第一格填写几何公差项目符号。

（2）第二格填写几何公差数值和有关符号。

（3）第三格和以后各格填写基准符号字母和有关符号。

2．几何公差的基准符号

在几何公差的标注中，与被测要素相关的基准用一个大写字母表示。字母标注在基准方格内，与一个涂黑的或空白的三角形相连以表示基准，基准代号如图 11-3 所示。涂黑的和空白的基准三角形含义相同。

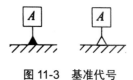

图 11-3　基准代号

五、被测要素的标注方法

用带箭头的指引线将被测要素与公差框格的一端相连，指引线的箭头应指向被测要素公差带的宽度或直径方向。标注时应注意：

（1）几何公差框格应水平或垂直地绘制。

（2）指引线原则上从框格一端的中间位置引出。

（3）被测要素是组成要素时，指引线的箭头应指在该要素的轮廓线或其延长线上，并应明显地与尺寸线错开，被测要素为组成要素时的标注如图 11-4 所示。

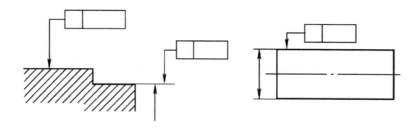

图 11-4　被测要素为组成要素时的标注

（4）被测要素是导出要素时，指引线的箭头应与确定该要素的轮廓尺寸线对齐，被测要素为导出要素时的标注如图 11-5 所示。

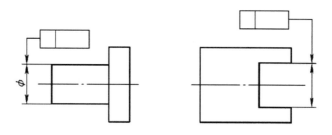

图 11-5　被测要素为导出要素时的标注

（5）当同一被测要素有多项几何公差要求且测量方向相同时，可将这些框格绘制在一起，并共用一根指引线，同一被测要素有多项几何公差要求时的标注如图11-6所示。

（6）当多个被测要素有相同的几何公差要求时，可从框格引出的指引线上绘制多个指示箭头并分别与各被测要素相连，不同被测要素有相同几何公差要求时的标注如图11-7所示。

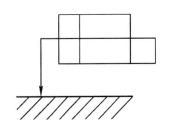

图11-6 同一被测要素有多项
几何公差要求时的标注

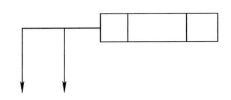

图11-7 不同被测要素有相同
几何公差要求时的标注

（7）公差框格中所标注的几何公差有其他附加要求时，可在公差框格的上方或下方附加文字说明。属于被测要素数量的说明应写在公差框格的上方，如图11-8（a）所示。属于解释性的说明应写在公差框格的下方，如图11-8（b）所示。

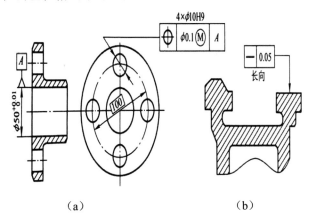

（a）　　　　　　　（b）

图11-8 几何公差的附加说明

六、基准要素的标注方法

基准要素采用基准符号标注，并从几何公差框格中的第三格起，填写相应的基准符号字母，基准符号中的连线应与基准要素垂直。无论基准符号在图样中方向如何，方框内字母应水平书写，基准要素的标注如图11-9所示。

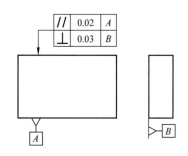

图 11-9　基准要素的标注

基准符号在标注时还应注意以下几点：

（1）基准要素为组成要素时，基准符号的连线应指在该要素的轮廓线及其延长线上，并应明显地与尺寸线错开，基准要素为组成要素时的标注如图 11-10 所示。

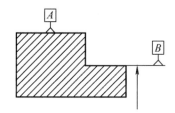

图 11-10　基准要素为组成要素时的标注

（2）基准要素是导出要素时，基准符号的连线应与确定该要素轮廓的尺寸线对齐，基准要素为导出要素时的标注如图 11-11 所示。

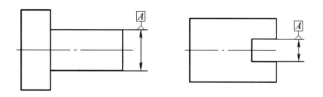

图 11-11　基准要素为导出要素时的标注

（3）基准要素为公共轴线时的标注。在图 11-12 中，基准要素为外圆 ϕd_1 的轴线 A 与外圆 ϕd_3 的轴线 B 组成的公共轴线 $A—B$。

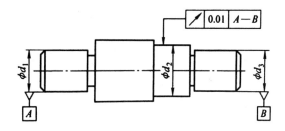

图 11-12　基准要素为公共轴线时的标注

当轴类零件以两端中心孔工作锥面的公共轴线作为基准时，可采用图 11-13 的标注方法。其中图 11-13（a）为两端中心孔参数不同时的标注；图 11-13（b）为两端中心孔参数相同时的标注。

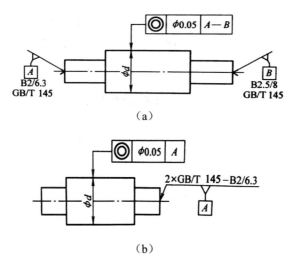

（a）

（b）

图 11-13　以中心孔的公共轴线作为基准时的标注

七、几何公差的其他标注规定

（1）公差框格中所标注的公差值如无附加说明，则被测范围为箭头所指的整个组成要素或导出要素。

（2）如果被测范围仅为被测要素的一部分时，应用粗点划线画出该范围，并标出尺寸。被测范围为部分被测要素时的标注如图 11-14 所示。

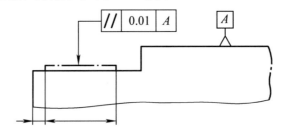

图 11-14　被测范围为部分被测要素时的标注

（3）如果需要给出被测要素任一固定长度上（或范围内）的公差值时，公差值有附加说明时的标注如图 11-15 所示。

图 11-15（a）表示在任一 100 mm 长度上的直线度公差值为 0.02 mm。

图 11-15（b）表示在任一 100 mm×100 mm 的正方形面积内，平面度公差数值为 0.05 mm。

图 11-15（c）表示在 1 000 mm 全长上的直线度公差为 0.05 mm，在任一 200 mm 长度上的直线度公差数值为 0.02 mm。

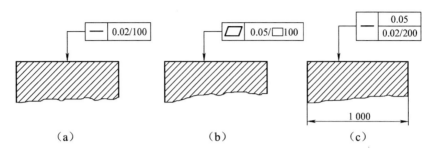

（a）　　　　　　　　（b）　　　　　　　　（c）

图 11-15　公差值有附加说明时的标注

（4）当给定的公差带形状为圆或圆柱时，应在公差数值前加注"ϕ"，如图 11-16（a）所示；当给定的公差带形状为球时，应在公差数值前加注"$S\phi$"，如图 11-16（b）所示。

（a）　　　　　　　　　　　　　（b）

图 11-16　公差带形状为圆、圆柱或球时的标注

（5）几何公差有附加要求时，应在相应的公差数值后加注有关符号，几何公差附加符号见表 11-3。

表 11-3　几何公差附加符号

符号	解释	标注示例
（+）	若被测要素有误差，则只允许中间向材料外凸起	─　0.01(+)
（−）	若被测要素有误差，则只允许中间向材料内凹下	▱　0.05(−)
（▷）	若被测要素有误差，则只允许按符号的小端方向逐渐缩小	⌀　0.05(▷)
		∥　0.05(▷)　A

八、形状公差

1. 直线度公差

直线度公差限制被测实际直线相对于理想直线的变动。被测直线可以是平面内的直线、直线回转体（圆柱、圆锥）上的素线、平面间的交线和轴线等。

2. 平面度公差

平面度公差限制实际平面相对于理想平面的变动。

3. 圆度公差

圆度公差限制实际圆相对于理想圆的变动。圆度公差用于对回转体（圆柱、圆锥和曲线回转体）表面任一正截面的圆轮廓提出的形状精度要求。

4. 圆柱度公差

圆柱度公差限制实际圆柱面相对于理想圆柱面的变动。圆柱度公差综合控制圆柱面的形状精度。

5. 线轮廓度公差（无基准）

线轮廓度公差限制实际平面曲线对其理想曲线的变动。它是对零件上非圆曲线提出的形状精度要求。无基准时，理想轮廓的形状由理论正确尺寸（尺寸数字外面加上框格）确定，其位置是不定的。

理论正确尺寸（TED）：当给出一个或一组要素的位置、方向或轮廓度公差时，分别用来确定其理论正确位置、方向或轮廓的尺寸称为理论正确尺寸，故该尺寸不附带公差，而该要素的形状、方向和位置误差由给定的几何公差来控制。理论正确尺寸必须用框格框出。

6. 面轮廓度公差（无基准）

面轮廓度公差限制实际曲面对其理想曲面的变动，它是对零件上曲面提出的形状精度要求。理想曲面由理论正确尺寸确定。

九、方向公差

方向公差限制实际被测要素相对于基准要素在方向上的变动。

方向公差的被测要素和基准一般为平面或轴线，因此，方向公差有面对面、线对面、面对线和线对线公差等。

1. 平行度公差

当被测要素与基准的理想方向成 0° 角时，为平行度公差。

2. 垂直度公差

当被测要素与基准的理想方向成 90° 角时，为垂直度公差。

3. 倾斜度公差

当被测要素与基准的理想方向成其他任意角度时，为倾斜度公差。

4. 线轮廓度公差（有基准）

理想轮廓线的形状、方向由理论正确尺寸和基准确定。

5. 面轮廓度公差（有基准）

理想轮廓面的形状、方向由理论正确尺寸和基准确定。

十、位置公差

位置公差限制实际被测要素相对于基准要素在位置上的变动。

1. 位置度公差

位置度公差要求被测要素对一基准体系保持一定的位置关系。被测要素的理想位置是由基准和理论正确尺寸确定的。

2. 同轴（心）度公差

同轴（心）度公差要求被测要素和基准要素均为轴线，要求被测要素的理想位置与基准同心或同轴。

3. 对称度公差

对称度公差要求被测要素和基准要素为中心平面或轴线，要求被测要素理想位置与基准一致。

4. 线轮廓度公差（有基准）

理想轮廓线的形状、方向、位置由理论正确尺寸和基准确定。

5. 面轮廓度公差（有基准）

理想轮廓面的形状、方向、位置由理论正确尺寸和基准确定。

十一、跳动公差

跳动公差限制被测表面对基准轴线的变动。跳动公差分为圆跳动公差和全跳动公差两种。

1. 圆跳动公差

圆跳动公差是被测表面绕基准轴线回转一周时，在给定方向上的任一测量面上所允许的动量。圆跳动公差根据给定测量方向可分为径向圆跳动、轴向圆跳动和斜向圆跳动三种。

2. 全跳动公差

全跳动公差是被测表面绕基准轴线连续回转时，在给定方向上所允许的最大跳动量。全跳动公差分为径向全跳动和轴向全跳动两种。

十二、几何公差之间的关系

如果功能需要，可以规定一种或多种几何特征的公差以限定要素的几何误差，限定要素某种类型几何误差的几何公差，也能限制该要素其他类型的几何误差，如：

要素的位置公差可同时限制该要素的位置误差、方向误差和形状误差。

要素的方向公差可同时限制该要素的方向误差和形状误差。

要素的形状公差只能限制要素的形状误差。

【任务拓展】

1. 图样上给出几何公差要求的要素称为_____要素，用来确定被测要素方向或（和）位置的要素称为_____要素。

2. 构成零件外形的点、线、面是_____要素，表示组成要素对称中心的点、线、面是_____要素。

3. 几何公差可分为形状公差、方向公差、位置公差和跳动公差，其中形状公差_____项，位置公差_____项，方向公差_____项，跳动公差_____项。

4. 公差带的形状是由_____及被测要素与基准要素的_____来确定的，主要有_____种。

5. 几何公差的代号包括几何公差_____和_____，几何公差有关项目的_____，几何公差_____和其他有关符号，_____和其他有关符号等。

6. 几何公差框格分成两格或者多格式，几何公差框格中按从左到右的顺序填写下列内容：几何公差_____、几何公差_____和有关符号、_____字母和有关符号。

7. 当被测要素是组成要素时，指引线的箭头应指在该要素的_____或者其_____上，并应与尺寸线_____；被测要素是导出要素时，指引线的箭头应与确定该要素的轮廓尺寸线_____。

8. 标注几何公差的附加要求时，属于被测要素数量的说明应写在几何公差框格的_____，属于解释性的说明应写在几何公差框格的_____。

9. 给定的公差带形状为圆或圆柱时，应在公差数值前加注"____"，当给定的公差带形状为球时，应在公差数值前加注"_____"。

10. 在机械制造中，零件的几何误差是不可避免的。　　　　　　　　　　（　　）

11. 零件的几何误差是由加工中机床精度、加工方法等多种因素形成的，因此在加工中采用高精度的机床、先进的加工方法等可使几何误差为零。　　　　（　　）

12. 由加工形成的在零件上实际存在的要素即被测要素。　　　　　　　　（　　）

13. 组成要素是构成零件外形的能直接被人们感知的点、线、面，实际要素是零件上实际存在的要素。因此，零件上的组成要素一般为实际要素，而零件上的导出要素一般为理想要素。　　　　　　　　　　　　　　　　　　　　　　　　　　　　（　　）

14. 几何公差带的形状与被测要素的几何特征有关，只要被测要素的几何特征相同，则几何公差带的形状必然相同。　　　　　　　　　　　　　　　　　　　　（　　）

15. 几何公差带的大小是指公差带的宽度、直径或半径公差的大小。　　　（　　）

16. 关于任意方向的直线度公差要求，下列说法中错误的是（　　　　）。

　　A. 其公差带是圆柱面内的区域

　　B. 此项公差要求常用于回转类零件的轴线

　　C. 任意方向实质上是没有方向要求

　　D. 标注时公差数值前应加注符号"ϕ"

17. 平面度公差带是（　　　　）间的区域。

　　A. 两平行直线　　　　　B. 两平行平面　　　　　C. 圆柱面　　　　D. 两同轴圆柱面

18. 圆度公差和圆柱度公差之间的关系是（　　　　）。

　　A. 两者均控制圆柱体类零件的轮廓形状，因而两者可以代替使用

　　B. 两者公差带形状不同，因而两者互相独立，没有关系

　　C. 圆度公差可以控制圆柱度误差

　　D. 圆柱度公差可以控制圆度误差

19. （　　　　）公差带是半径为公差值 t 的两圆柱面内的区域。

　　A. 直线度　　　　　　　B. 平面度　　　　　　　C. 圆度　　　　　D. 圆柱度

20. 什么是零件的几何要素？它可分为哪几类？

21. 被测要素和基准要素分别为组成要素和导出要素时，在图样上应如何标注？

22. 根据下列几何公差的要求，在图 11-17 所示的几何公差框格中填写正确的几何公差项目符号、数值及基准字母。

（1）$\phi 60$ 圆柱面的轴线对 $\phi 40$ 圆柱面的轴线的同轴度为 0.05 mm，且如有同轴度误差，只允许从右向左逐渐减小。

（2）$\phi 60$ 圆柱面的圆度为 0.03 mm，$\phi 60$ 圆柱面对 $\phi 40$ 圆柱面的轴线的径向全跳动为 0.06 mm。

（3）键槽两工作平面的中心平面对通过 $\phi 40$ 轴线的中心平面的对称度为 0.05 mm。

（4）零件的左端面对 $\phi 60$ 圆柱轴线的垂直度为 0.05 mm，且如有垂直度误差，只允许中间向材料内凹下。

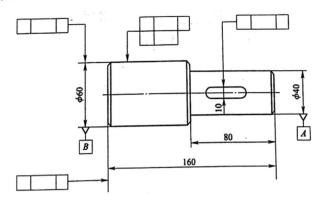

图 11-17　24 题图

【任务评价】

1. 能否准确标注几何公差。
2. 能否准确识读零件图中各项几何公差项目的设计要求。

任务十二　测绘齿轮轴

【学习目标】

1. 能正确使用测量工具对齿轮轴的齿顶圆直径、齿根圆直径、宽度、深度等尺寸进行准确的测量
2. 能正确绘制齿轮轴的基本视图
3. 能正确标注零件尺寸
4. 能根据零件的工作特点正确表达技术要求

【任务分析】

拆开减速器，认识了减速器的主要结构。减速器除了齿轮和轴系组成的传动系统外，还有其他零件，现在我们以齿轮轴（图 12-1）为例来完成测绘的学习。在测绘的过程中，先画出零件草图，零件草图应力求与零件工作图相同。画出零件草图后，再去测量零件的尺寸，在草图上标注，完成草图的绘制。

图 12-1　齿轮轴

【任务步骤】

一、选择表达方案，绘制草图（草图仅作参考）

当齿轮的直径较小时，通常将齿轮与轴制成一体，称为齿轮轴。在以表达外形为主的主视图中，用断面图表达键槽。齿轮轴草图如图 12-2 所示。

二、测量与标注尺寸

轴类零件尺寸基准选择的关键是选长度方向的主要基准，应对照实际装配关系来决定。标注尺寸时切忌一概按实测值注写。注写齿轮轴尺寸时应考虑以下因素：

（1）装配图中已确定的有关配合尺寸（$\phi 25j6$）和相关安装尺寸应直接抄注，使"零""装"保持一致。

（2）轴上齿轮部分的尺寸及参数的选用和标注（可参见任务六）。

（3）键槽尺寸不应标注实测值，应由附表 6 查取。

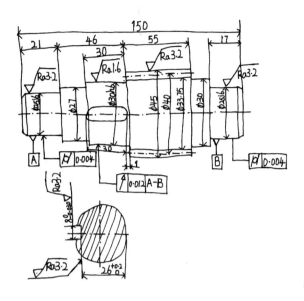

图 12-2　齿轮轴草图

三、确定材料和技术要求

1. 初定材料

常用金属材料的牌号及其用途见附表 1，一般选用优质碳素结构钢 40。

2. 尺寸公差的选用

齿轮轴与轴承配合的尺寸，选定的公差带（j6）。键槽的公差由附表 6 中查取。

3. 形位公差的标注

为能平稳地使动力通过齿轮轴传入减速器，图 12-2 中注出了装配齿轮部分对公共轴线 "*A—B*" 的斜向圆跳动公差 0.012，该公差值是依据 GB/Z 18620.3—2008 确定的。

4. 表面粗糙度的选取及标注

与轴承相配合的轴颈表面、轮部分表面及其他加工表面的表面粗糙度高度参数值 *Ra* 均可在附表 8 和附表 9 中查取。

【任务实施】

拆卸减速器并取出齿轮轴，选择合适的工具与方法测量齿轮轴，绘制齿轮轴零件图。可参考图 12-3 所示齿轮轴零件图。

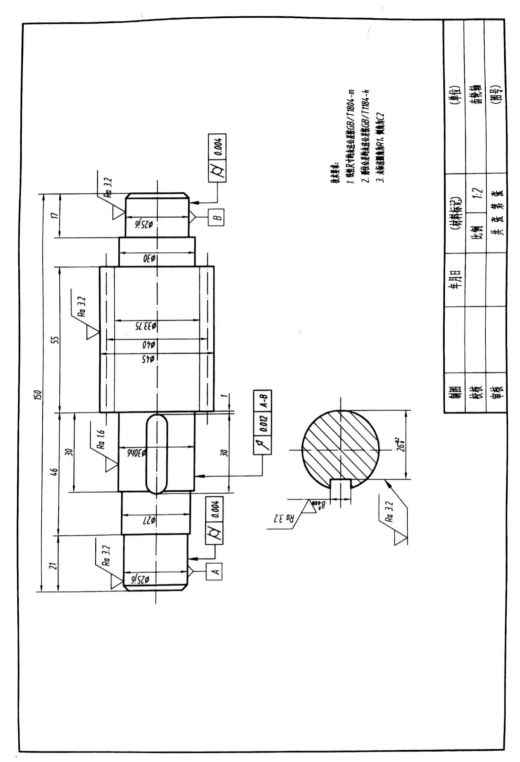

图 12-3 齿轮轴零件图

【任务评价】

表 12-1　任务完成评价考核表

项次	考核项目	分值	评价标准	操作记录	得分
1	着装规范	5	酌情扣分		
2	作业前整理工位	5	不到位扣2分，未整理扣5分		
3	检查测量工具是否齐全	5	不到位扣5分		
4	正确摆放测量工具与零件	5	不到位扣5分		
5	正确使用测量工具，并正确读数	20	未正确使用或读数扣20分		
6	零件图中视图的正确表达	10	酌情扣分		
7	零件图中尺寸标注正确、完整、清晰、合理（正确选择尺寸基准，合理选择尺寸标注）	20	酌情扣分		
8	零件图的技术要求	15	酌情扣分		
9	清洁整理测量工具	5	不到位扣5分		
10	遵守操作规程	10	跌落零件、损坏工具，扣2分/次，扣完为止		
	总分				

任务十三　测绘螺栓和螺母

【学习目标】

1. 正确使用测量工具对螺栓和螺母进行准确的测量
2. 正确查阅相关手册并进行校对
3. 正确标注零件尺寸
4. 根据零件的工作特点表达技术要求

【任务分析】

螺栓是由头部和螺杆（带有外螺纹的圆柱体）两部分组成的一类紧固件，需与螺母配合，用于紧固连接两个带有通孔的零件。将图 13-1 和图 13-2 所示这两种零件连接在一起的连接形式称螺栓连接。

图 13-1　螺栓

图 13-2　螺母

螺纹是指在圆柱或圆锥表面上，具有相同牙型、沿螺旋线连续凸起的牙体。凸起是指螺纹两侧面的实体部分，又称牙。

在机械加工中，螺纹是在一根圆柱形的轴上（或内孔表面）用刀具或砂轮切成的，此时工件转一圈，刀具沿着工件轴向移动一定的距离，刀具在工件上切出的痕迹就是螺纹。在外圆表面形成的螺纹称为外螺纹，在内孔表面形成的螺纹称为内螺纹。螺纹的基础是圆轴表面的螺旋线。通常若螺纹的断面为三角形，则称为三角螺纹；断面为梯形称为梯形螺纹；断面为锯齿形称为锯齿形螺纹；断面为方形称为方牙螺纹；断面为圆弧形称为圆弧形螺纹；等等。

圆柱螺纹主要几何参数：

① 外径（大径），与外螺纹牙顶或内螺纹牙底相重合的假想圆柱体直径。螺纹的公称直径即大径。

② 内径（小径），与外螺纹牙底或内螺纹牙顶相重合的假想圆柱体直径。

③ 中径，母线通过牙型上的距凸起和沟槽两者宽度相等的假想圆柱体直径。

④ 螺距，相邻牙在中径线上对应两点间的轴向距离。

⑤ 导程，同一螺旋线上相邻牙在中径线上对应两点间的轴向距离。

⑥ 牙型角，螺纹牙型上相邻两牙侧间的夹角。

⑦ 螺纹升角，中径圆柱上螺旋线的切线与垂直于螺纹轴线的平面之间的夹角。

⑧ 工作高度，两相配合的螺纹牙型上相互重合的部分在垂直于螺纹轴线方向上的距离。螺纹的公称直径除管螺纹以管子内径为公称直径外，其余都以外径为公称直径。螺纹已标准化，有米制（公制）和英制两种。国际标准采用米制，我国也采用米制。

【任务步骤】

一、测量螺距

用钢直尺沿着外螺纹轴线的方向量出 5 个牙的螺距总长；读出钢直尺上 5 个螺距的长度 L；计算出外螺纹的螺距。

$$P=L/5$$

二、牙型角的测量

把螺纹样板沿着工件轴线的方向嵌入螺旋槽中，用光隙法检测外螺纹的牙型角。

三、测量大径

用游标卡尺量出螺纹大径。内螺纹的大径可通过与之旋合的外螺纹大径确定，没有外螺纹时，可测出其小径，再根据其类型和螺距查表得出标准大径值；也可采用计算法，大径=小径+1.082 5×螺距。

四、目测螺纹的线数与旋向

五、查手册核对

将测绘得到的牙型、大径、螺距与有关手册中螺纹的标准进行核对，选取相近的标准数值。

【任务实施】

测量螺栓和螺母，查表（附表 14、附表 15）核对，并绘制零件图。可参考图 13-3 所示螺栓零件图和图 13-4 所示螺母零件图。

机械零部件测绘

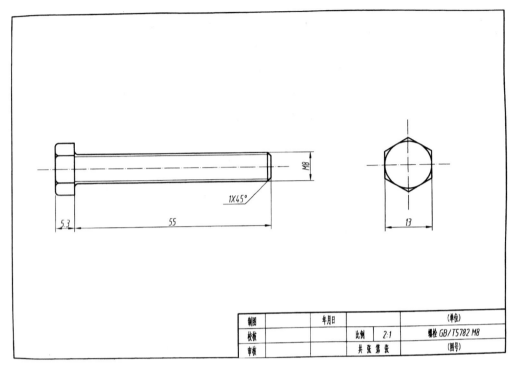

图 13-3　螺栓零件图

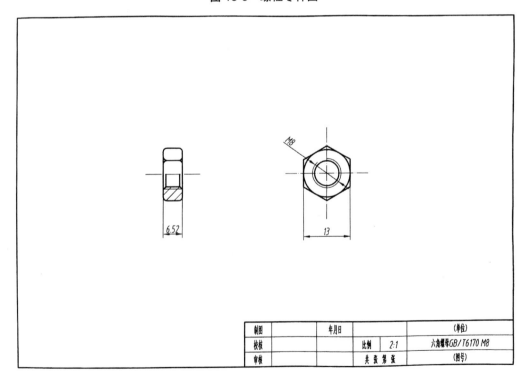

图 13-4　螺母零件图

【任务评价】

表 13-1　任务完成评价考核表

项次	考核项目	分值	评价标准	操作记录	得分
1	着装规范	5	酌情扣分		
2	作业前整理工位	5	不到位扣 2 分，未整理扣 5 分		
3	检查测量工具是否齐全	5	不到位扣 5 分		
4	正确摆放测量工具与零件	5	不到位扣 5 分		
5	正确使用测量工具，并正确读数	20	未正确使用或读数扣 20 分		
6	零件图中视图的正确表达	10	酌情扣分		
7	零件图中尺寸标注正确、完整、清晰、合理（正确选择尺寸基准，合理选择尺寸标注）	20	酌情扣分		
8	零件图的技术要求	15	酌情扣分		
9	清洁整理测量工具	5	不到位扣 5 分		
10	遵守操作规程	10	跌落零件、损坏工具，扣 2 分/次，扣完为止		
	总分				

任务十四　装配减速器

【学习目标】

1. 能正确描述装配的内容
2. 能根据减速器的装配关系选择正确的表达方案
3. 能根据减速器的装配关系绘制部件的装配图
4. 能准确标注出主要的规格尺寸、安装尺寸、装配尺寸以及外形尺寸等

【任务分析】

根据零件草图和装配图提供的零件之间的连接方式和装配关系，绘制部件的装配图。画装配图时，应注意发现并修正零件草图中不合理的结构，注意调整不合理的公差值以及所测得的尺寸，以便为绘制零件工作图时提供正确的依据。

【任务步骤】

一、拟定表达方案

装配图的作用是表达机器或部件的工作原理、装配关系以及主要零件的结构形状。表达方案包括选择主视图、确定视图数量和表达方法，以最少的视图完整、清晰地表达部件的装配关系和工作原理。

（1）选择主视图。

通常按部件的工作位置选择投射方向，并使主视图能较清楚地表达部件的工作原理、传动方式、零件间主要的装配关系，以及主要零件的结构形状特征。在部件中，一般将组装在同一轴线上的一系列相关零件称为装配干线。一个部件通常有若干个主要和次要的装配干线。

（2）确定其他视图。

根据主视图尚未表达清楚的装配关系和零件间的相对位置，选用其他视图补充。

拟定部件的表达方案时，多考虑几套方案，通过分析比较再确定理想的表达方案。注意预留注写尺寸和零件编号的位置。

二、画装配图的步骤

（1）定方案、比例、图幅。

根据拟定的表达方案，确定图样的比例，选择标准的图幅，画好图框、标题栏和明细栏。

（2）合理布图、画基准线。

合理布置各视图，并注意预留标注尺寸、零件序号的位置，画出各视图的主要中心线和基准线。

（3）画图顺序。

从主视图画起，几个视图相互配合一起画，也可先画反映部件工作原理和形体特征明显的主视图，再画其他视图。画主视图时，要考虑从内向外画或者从外向内画。

从内向外画是由部件内部的主要装配干线出发，逐次向外画出，其优点是从最里层的实形零件（通常是轴类零件）画起，按装配顺序向四周扩散，层次分明，并且可避免多画被挡住零件的不可见轮廓。

从外向内画是由部件的主体机件出发，逐次向里面画出内部各个零件。其优点是便于从整体的合理布局出发，决定主要零件的结构形状和尺寸，其余的零件也就容易画出了。

画装配图时应根据部件的不同结构特征灵活选用或结合运用。不论选用何种方法，画图时都必须注意：先画出部件的主要结构形状，再画次要结构部分；先画起作用的基准件，再画其他零件，可保证各零件之间的相对位置准确；画图时要注意零件间正确的装配关系，配合面（或接触面）画一条线，非配合面（不接触面）应留有空隙等。

（4）整理描深，标注尺寸，编排序号，填写标题栏、明细栏和技术要求，完成装配图。

三、测量大径

用游标卡尺量出螺纹大径。内螺纹的大径可通过与之旋合的外螺纹大径确定，没有外螺纹时，可测出其小径，再根据其类型和螺距查表得出标准大径值；也可采用计算法，大径=小径+1.082 5×螺距。

四、目测螺纹的线数与旋向

五、查手册核对

将测绘得到的牙型、大径、螺距与有关手册中螺纹的标准核对，选取相近的标准数值。

【任务实施】

拆卸减速器和绘制装配图。

【任务评价】

表 14-1　任务完成评价考核表

项次	考核项目	分值	评价标准	操作记录	得分
1	着装规范	5	酌情扣分		
2	作业前整理工位	5	不到位扣 2 分，未整理扣 5 分		
3	检查测量工具是否齐全	5	不到位扣 5 分		
4	相关手册的查核	5	未能准确查核扣 5 分		
5	装配图的表达方案	30	酌情扣分		
6	装配图中的标注	20	酌情扣分		
7	装配图的技术要求	15	酌情扣分		
8	清洁整理测量工具	5	不到位扣 5 分		
9	遵守操作规程	10	跌落零件、损坏工具，扣 2 分/次，扣完为止		
总分					

附　　录

附表 1　铁和铁合金（黑色金属）

牌号	使用举例	说明
1. 灰铸铁、工程用铸钢		
HT150 HT200 HT350	中强度铸铁：底座、刀架、轴承座、端盖 高强度铸铁：床身、凸轮、联轴器机座、箱体、支架	"HT"灰色灰铸铁，后面的数字表示最小抗拉强度（MPa）
ZG230-450 ZG310-570	各种形状的机件、齿轮、重负荷机架	"ZG"表示铸钢，第一组数字表示屈服强度（MPa）最低值，第二组数字表示抗拉强度（MPa）最低值
2. 碳素结构钢、优质碳素结构钢		
Q215 Q235 Q255 Q275	受力不大的螺钉、轴、凸轮、焊件等 螺栓、螺母、拉杆、钩、轴、焊件 重金属构造物中的一般机件、拉杆、轴、焊件 重要的螺钉、拉杆、钩、连杆、轴、销、齿轮	"Q"表示钢的屈服点，数字为屈服点数值（MPa），同一钢号下分质量等级，用 A、B、C、D 表示质量依次下降，例如 Q235-A
30 35 40 45 65Mn	曲轴、销轴、连杆、横梁 曲轴、摇杆、拉杆、键、销、螺栓 齿轮、齿条、凸轮、曲柄轴、链轮 齿轮轴、联轴器、衬套、活塞销、链轮 大尺寸的各种扁、圆弹簧，如座板簧	数字表示钢中平均含碳的质量万分数，例如："45"表示平均含碳的质量分数为 0.45%，数字依次增大表示抗拉强度、硬度依次增加，延伸率依次降低。当锰的质量分数在 0.7%～1.2% 时，需注出"Mn"
3. 合金结构钢		
40Cr 20CrMnTi	活塞销，凸轮。用于心部韧性较高的掺碳零件 工艺性好，汽车、拖拉机的重要齿轮，供掺碳处理	钢中加合金元素以增强机构性能，合金元素符号前的数字表示碳的质量万分数，符号后的数字表示合金元素的质量分数。当质量分数小于 1.5% 时，仅注元素符号

附表2　有色金属及其合金

牌号或代号	使用举例	说明
1. 加工黄铜、铸造铜合金		
H62（代号）	散热器、垫圈、弹簧、螺钉等	"H"表示普通，数字代表铜含量的平均质量百分数
ZCuZn38Mn2Pb2	铸造黄铜：用于轴瓦、轴套及其他耐磨零件	"ZCu"表示铸造铜合金，合金中其他主要元素用化学符号表示，符号的后数字表示该元素含量的平均质量百分数
ZCuSn5Pb5Zn5	铸造锡青铜：用于承受摩擦的零件，如轴承	
ZCuAl10Fe3	铸造铝青铜：用于制造蜗轮、衬套和耐蚀性零件	
2. 铝及铝合金、铸造铝合金		
1060 1050A 2A12 2A13	适合制作储槽、塔、热交换器、防止污染及深冷设备，适用于中等级强度的零件，焊接性能好	第一位数字表示铝及铝合金的组别，1X X X组表示纯铝（其铝含量小于99.00%），最后两位数字表示最低铝的质量百分含量中小数点后面的两位。2X X X组表示以铜为主要合金元素的铝合金，其最后两位数字无特殊意义，仅用来表示同一组中不同铝合金，第二位字母表示原始纯铝或铝合金的改型情况
ZAlCu5Mn （代号ZL201） ZAMg10 （代号ZL301）	砂型铸造，工作温度在175～300 ℃的零件，如内燃机缸盖、活塞在大气或海水中工作，承受冲击载荷，外形不太复杂的零件，如舰船配件、氨用泵体等	"ZA1"表示铸造铝合金，合金中的其他元素用化学符号表示，符号后的数字表示该元素含量的平均质量百分数，代号中的数字表示合金系列代号和顺序号

附表3　不同应用场合的表面粗糙度参数值　　　　　　　μm

表面特性	部位	表面粗糙度参数值 Ra			
滑动轴承的配合表面	表面	公差等级		液体摩擦	
		IT7～IT9	IT11～IT12		
	轴	0.2～3.2	1.6～3.2	0.1～0.4	
	孔	0.4～1.6	1.6～3.2	0.2～0.8	
带密封的轴颈表面	密封方式	轴颈表面速度/（m·s⁻¹）			
		≤3	≤5	≤5	≤4
	橡胶	0.4～0.8	0.2～0.4	0.1～0.2	
	毛毡				0.4～0.8
	迷宫	1.6～3.2		—	
	油槽	1.6～3.2		—	
圆锥结合	表面	密封结合	定心结合	其他	
	外圆锥表面	0.1	0.4	1.6～3.2	
	内圆锥表面	0.2	0.8	1.6～3.2	
螺纹	类别	螺纹公差等级			
		4	5	6	
	粗牙普通螺纹	0.4～0.8	0.8	1.6～3.2	
	细牙普通螺纹	0.2～0.4	0.8	1.6～3.2	
键结合	结合形式	键	轴槽	毂槽	
	工作表面 沿毂槽移动	0.2～0.4	1.6	0.4～0.8	
	沿轴槽移动	0.2～0.4	0.4～0.8	1.6	
	不动	1.6	1.6	1.6～3.2	
	非工作表面	6.3	6.3	6.3	

附表4　各种加工方法所能达到的 Ra 值

Ra 值（不大于）/μm	表面状况	加工方法
100	明显可见的刀痕	粗车、镗、刨、钻
25、50		
12.5	可见刀痕	粗车、镗、刨、钻
6.3	可见加工痕迹	车、镗、刨、钻、铣、锉、粗铰、铣齿
3.2	微见加工痕迹	车、镗、刨、铣、刮 1～2 点/cm²、拉、磨、锉、滚压、铣齿
1.6	看不清加工痕迹	车、镗、刨、铣、铰、拉、磨、滚压、刮 1～2 点/cm²、铣齿
0.8	可辨加工痕迹的方向	车、镗、拉、磨、立、铣、刮 3～10 点/cm²、滚压
0.4	微辨加工痕迹的方向	铰、磨、镗、拉、刮 3～10 点/cm²、滚压
0.2	不可辨加工痕迹的方向	布轮磨、磨、研磨、超级加工
0.1	暗光泽面	超级加工

附表 5　常用的优先配合选用说明

优先配合		配合特性及应用举例
基孔制	基轴制	
H11/c11	C11/h11	间隙非常大，用于很松的转动很慢的动配合；要求大公差与大间隙的外露组件，要求配合方便的很松的配合
H9/d9	D9/h9	间隙很大的自由转动配合，用于精度并非主要要求或有大的温度变动、高转速或大的轴颈压力时
H8/f7	F8/h7	间隙不大的转动配合，用于中等转速与中等轴颈压力的精确转动，也用于装配较易的中等定位配合
H7/g6	G7/h6	间隙很小的滑动配合，用于不希望自由转动，但可自由移动和滑动并精密定位时，也可用于要求明确的定位配合
H7/h6	H7/h6	均为间隙定位配合，零件可自由装拆，而工作时一般相对静止不动
H8/h7	H8/h7	
H9/h9	H9/h9	同上
H11/h11	H11/h11	
H6/k6	K7/h6	过渡配合，用于精密定位
H7/n6	N7/h6	过渡配合，允许有较大过盈的更精密定位
H7/p6	P7/h6	过盈定位配合，即小过盈配合，用于定位精度特别重要时，能以最好的定位精度达到部件的刚性及对中性要求，而对内孔承受压力无特殊要求，不依靠配合的紧固件传递摩擦负荷
H7/s6	S7/h6	中等压入配合，适用于一般钢件，或用于薄壁件的冷缩配合，用于铸铁件可得到最紧的配合
H7/u6	U7/h6	压入配合，适用于可以承受大压入力的零件或不宜承受大压入力的冷缩配合

附表 6　普通平键键槽的尺寸与公差（摘自 GB/T 1095—2003）

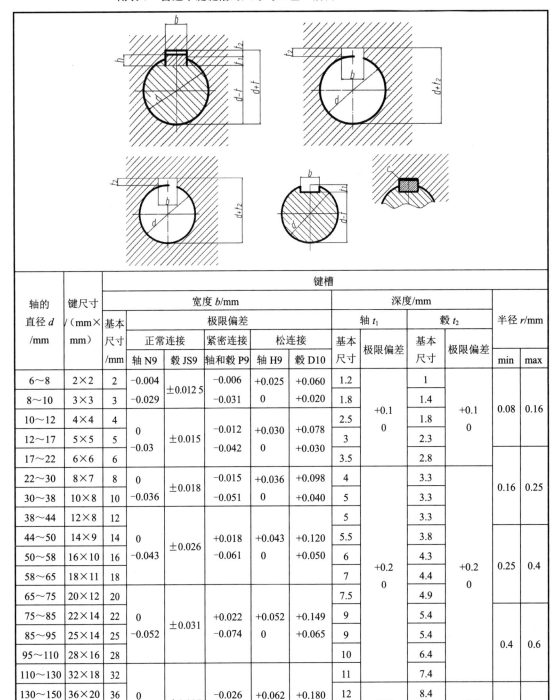

轴的直径 d /mm	键尺寸 /（mm×mm）	键槽										
		宽度 b/mm						深度/mm				半径 r/mm
		基本尺寸 /mm	极限偏差					轴 t_1		毂 t_2		
			正常连接		紧密连接	松连接		基本尺寸	极限偏差	基本尺寸	极限偏差	
			轴 N9	毂 JS9	轴和毂 P9	轴 H9	毂 D10					min	max
6～8	2×2	2	−0.004 −0.029	±0.012 5	−0.006 −0.031	+0.025 0	+0.060 +0.020	1.2	+0.1 0	1	+0.1 0	0.08	0.16
8～10	3×3	3						1.8		1.4		
10～12	4×4	4	0 −0.03	±0.015	−0.012 −0.042	+0.030 0	+0.078 +0.030	2.5		1.8		0.08	0.16
12～17	5×5	5						3		2.3		
17～22	6×6	6						3.5		2.8		
22～30	8×7	8	0 −0.036	±0.018	−0.015 −0.051	+0.036 0	+0.098 +0.040	4		3.3		0.16	0.25
30～38	10×8	10						5		3.3		
38～44	12×8	12	0 −0.043	±0.026	+0.018 −0.061	+0.043 0	+0.120 +0.050	5		3.3		
44～50	14×9	14						5.5	+0.2 0	3.8	+0.2 0	0.25	0.4
50～58	16×10	16						6		4.3		
58～65	18×11	18						7		4.4		
65～75	20×12	20	0 −0.052	±0.031	+0.022 −0.074	+0.052 0	+0.149 +0.065	7.5		4.9		
75～85	22×14	22						9		5.4		
85～95	25×14	25						9		5.4		0.4	0.6
95～110	28×16	28						10		6.4		
110～130	32×18	32						11		7.4		
130～150	36×20	36	0 −0.062	±0.037	−0.026 −0.088	+0.062 0	+0.180 +0.080	12	+0.3 0	8.4	+0.3 0	0.7	1
150～170	40×22	40						13		9.4		
170～200	45×25	45						15		10.4		

附表 7　与滚动轴承配合处的轴和外壳孔的形位公差

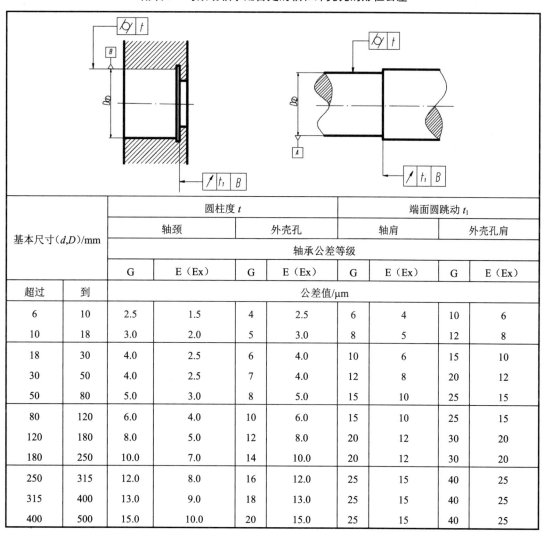

基本尺寸 (d,D)/mm		圆柱度 t				端面圆跳动 t_1			
		轴颈		外壳孔		轴肩		外壳孔肩	
		轴承公差等级							
		G	E（Ex）	G	E（Ex）	G	E（Ex）	G	E（Ex）
超过	到	公差值/μm							
6	10	2.5	1.5	4	2.5	6	4	10	6
10	18	3.0	2.0	5	3.0	8	5	12	8
18	30	4.0	2.5	6	4.0	10	6	15	10
30	50	4.0	2.5	7	4.0	12	8	20	12
50	80	5.0	3.0	8	5.0	15	10	25	15
80	120	6.0	4.0	10	6.0	15	10	25	15
120	180	8.0	5.0	12	8.0	20	12	30	20
180	250	10.0	7.0	14	10.0	20	12	30	20
250	315	12.0	8.0	16	12.0	25	15	40	25
315	400	13.0	9.0	18	13.0	25	15	40	25
400	500	15.0	10.0	20	15.0	25	15	40	25

附表8　与滚动轴承配合处的表面粗糙度

轴或轴承座 直径/mm		与滚动轴承配合处的轴或外壳孔的公差等级								
		IT7			IT6			IT5		
		表面粗糙度/μm								
超过	到	Rz	Ra		Rz	Ra		Rz	Ra	
			磨	车		磨	车		磨	车
0	80	10	1.6	3.2	6.3	0.8	1.6	4	0.4	0.8
80	500	16	1.6	3.2	10	1.6	3.2	6.3	0.8	1.6
端面		25	3.2	6.3	25	3.2	6.3	10	1.6	3.2

附表9　齿轮的表面粗糙度 Ra 值 　　　　　　　　μm

加工表面		精度等级		精度等级	
		6	7	8	9
齿轮工作面		<0.8	0.8~1.6	1.6~3.2	63.2~6.3
齿顶圆	是测量基面	1.6	0.8~1.6	1.6~3.2	3.2~6.3
	非测量基面	3.2	3.2~6.3	6.3	6.3~12.5
轮圈与轮心配合面		0.8~1.6		1.6~3.2	3.2~6.3
轴孔配合面		0.8~3.2		1.6~3.2	3.2~6.3
与轴肩配合的端面		0.8~3.2		1.6~3.2	3.2~ 6.3
其他加工面		1.6~6.3		3.2~6.3	6.3~12.5

附 录

附表 10 轴的基本偏差数值表

公称尺寸/mm 大于	至	a	b	c	cd	d	e	ef	f	fg	g	h	js	j IT5和IT6	j IT7	j IT8	k IT4~IT7	k ≤IT3 >IT7
—	3	-270	-140	-60	-34	-20	-14	-10	-6	-4	-2	0		-2	-4		0	0
3	6	-270	-140	-70	-46	-30	-20	-14	-10	-6	-4	0		-2	-4		+1	0
6	10	-280	-150	-80	56	-40	-25	-18	-13	-8	-5	0		-2	-5		+1	0
10	14	-290	-150	-95		-50	-32		-16		-6	0		-3	-6		+1	0
14	18	-290	-150	-95		-50	-32		-16		-6	0		-3	-6		+1	0
18	24	-300	-160	-110		-65	-40		-20		-7	0		-4	-8		+2	0
24	30	-300	-160	-110		-65	-40		-20		-7	0		-4	-8		+2	0
30	40	-310	-170	-120		-80	-50		-25		-9	0		-5	-10		+2	0
40	50	-320	-180	-130		-80	-50		-25		-9	0		-5	-10		+2	0
50	65	-340	-190	-140		-100	-60		-30		-10	0		-7	-12		+2	0
65	80	-360	-200	-150		-100	-60		-30		-10	0		-7	-12		+2	0
80	100	-380	-220	-170		-120	-72		-36		-12	0		-9	-15		+3	0
100	120	-410	-240	-180		-120	-72		-36		-12	0		-9	-15		+3	0
120	140	-460	-260	-200		-145	-85		-43		-14	0		-11	-18		+3	0
140	160	-520	-280	-210		-145	-85		-43		-14	0		-11	-18		+3	0
160	180	-580	-310	-230		-145	-85		-43		-14	0		-11	-18		+3	0
180	200	-660	-340	-240		-170	-100		-50		-15	0		-13	-21		+4	0
200	225	-740	-380	-260		-170	-100		-50		-15	0		-13	-21		+4	0
225	250	-820	-420	-280		-170	-100		-50		-15	0		-13	-21		+4	0
250	280	-920	-480	-300		-190	-110		-56		-17	0	偏差=$\pm\dfrac{IT_n}{2}$ 式中 IT_n 是 IT 值数	-16	-26		+4	0
280	315	-1 050	-540	-330		-190	-110		-56		-17	0		-16	-26		+4	0
315	355	-1 200	-600	-360		-210	-125		-62		-18	0		-18	-28		+4	0
355	400	-1 350	-680	-400		-210	-125		-62		-18	0		-18	-28		+4	0
400	450	-1 500	-760	-440		-230	-135		-68		-20	0		-20	-32		+5	0
450	500	-1 650	-840	-480		-230	-135		-68		-20	0		-20	-32		+5	0
500	560					-260	-145		-76		-22	0					0	0
560	630					-260	-145		-76		-22	0					0	0
630	710					-290	-160		-80		-24	0					0	0
710	800					-290	-160		-80		-24	0					0	0
800	900					-320	-170		-86		-26	0					0	0
900	1 000					-320	-170		-86		-26	0					0	0
1 000	1 120					-350	-195		-98		-28	0					0	0
1 120	1 250					-350	-195		-98		-28	0					0	0
1 250	1 400					-390	-220		-110		-30	0					0	0
1 400	1 600					-390	-220		-110		-30	0					0	0
1 600	1 800					-430	-240		-120		-32	0					0	0
1 800	2 000					-430	-240		-120		-32	0					0	0
2 000	2 240					-480	-260		-130		-34	0					0	0
2 240	2 500					-480	-260		-130		-34	0					0	0
2 500	2 800					-520	-290		-145		-38	0					0	0
2 800	3 150					-520	-290		-145		-38	0					0	0

注：基本偏差数值 —— 上极限偏差 es（所有标准公差等级）：a b c cd d e ef f fg g h js；下极限偏差 ei：j（IT5和IT6, IT7, IT8），k（IT4~IT7, ≤IT3 >IT7）。

续表

公称尺寸/mm		基本偏差数值													
		下极限偏差 ei													
		所有标准公差等级													
大于	至	m	n	p	r	s	t	u	v	x	y	z	za	zb	zc
—	3	+2	+4	+6	+10	+14		+18		+20		+26	+32	+40	+60
3	6	+4	+8	+12	+15	+19		+23		+28		+35	+42	+50	+80
6	10	+6	+10	+15	+19	+23		+28		+34		+42	+52	+67	+97
10	14	+7	+12	+18	+23	+28		+33		+40		+50	+64	+90	+130
14	18								+39	+45		+60	+77	+108	+150
18	24	+8	+15	+22	+28	+35		+41	+47	+54	+63	+73	+98	+136	+188
24	30						+41	+48	+55	+64	+75	+88	+118	+160	+218
30	40	+9	+17	+26	+34	+43	+48	+60	+68	+80	+94	+112	+148	+200	+274
40	50						+54	+70	+81	+97	+114	+136	+180	+242	+325
50	65	+11	+20	+32	+41	+53	+66	+87	+102	+122	+144	+172	+226	+300	+405
65	80				+43	+59	+75	+102	+120	+446	+174	+210	+274	+360	+480
80	100	+13	+23	+37	+51	+71	+91	+124	+146	+178	+214	+258	+255	+445	+585
100	120				+54	+79	+104	+144	+172	+210	+254	+310	+400	+525	+690
120	140	+15	+27	+43	+63	+92	+122	+170	+202	+248	+300	+365	+470	+620	+800
140	160				+65	+100	+134	+190	+228	+280	+340	+415	+535	+700	+900
160	180				+68	+108	+146	+210	+252	+310	+380	+465	+600	+780	+1 000
180	200	+17	+31	+50	+77	+122	+166	+236	+284	+350	+425	+520	+670	+880	+1 150
200	225				+80	+130	+180	+258	+310	+385	+470	+575	+740	+960	+1 250
225	250				+84	+140	+196	+284	+340	+425	+520	+610	+820	+1 050	+1 350
250	280	+20	+34	+56	+94	+158	+218	+315	+385	+475	+580	+710	+920	+1 200	+1 550
280	315				+98	+170	+240	+350	+425	+525	+650	+790	+1 000	+1 300	+1 700
315	355	+21	+37	+62	+108	+190	+268	+390	+475	+590	+730	+900	+1 150	+1 500	+1 900
355	400				+114	+208	+294	+435	+530	+660	+820	+1 000	+1 300	+1 650	+2 100
400	450	+23	+40	+68	+126	+232	+330	+490	+595	+740	+920	+1 100	+1 450	+1 850	+2 400
450	500				+132	+252	+360	+540	+660	+820	+1 000	+1 250	+1 600	+2 100	+2 600
500	560	+26	+44	+78	+150	+280	+400	+600							
560	630				+155	+310	+450	+660							
630	710	+30	+50	+88	+175	+340	+500	+740							
710	800				+185	+380	+560	+840							
800	900	+34	+56	+100	+210	+430	+620	+940							
900	1 000				+220	+470	+680	+1 050							
1 000	1 120	+40	+66	+120	+250	+520	+780	+1 150							
1 120	1 250				+260	+580	+840	+1 300							
1 250	1 400	+48	+78	+140	+300	+640	+960	+1 450							
1 400	1 600				+330	+720	+1 050	+1 600							
1 600	1 800	+58	+92	+170	+370	+820	+1 200	+1 850							
1 800	2 000				+400	+920	+1 350	+2 000							
2 000	2 240	+68	+110	+195	+440	+1 000	+1 500	+2 300							
2 240	2 500				+460	+1 100	+1 650	+2 500							
2 500	2 800	+76	+135	+240	+550	+1 250	+1 900	+2 900							
2 800	3 150				+580	+1 400	+2 100	+3 200							

注：1. 公称尺寸小于或等于 1 mm 时，基本偏差 a 和 b 均不采用。

2. 公差带 js7～js11，若 IT_n 值数是奇数，则取偏差 $= \pm (IT_n - 1)/2$。

附表 11　孔的基本偏差数值表

公称尺寸/mm		基本偏差数值 下极限偏差 EI（所有标准公差等级）												上极限偏差 ES								
														J IT6	J IT7	J IT8	K ≤IT8	K >IT8	M ≤IT8	M >IT8	N ≤IT8	N >IT8
大于	至	A	B	C	CD	D	E	EF	F	FG	G	H	JS	J			K		M		N	
—	3	+270	+140	+60	+34	+20	+14	+10	+6	+4	+2	0		+2	+4	+6	0	0	-2	-2	-4	-4
3	6	+270	+140	+70	+46	+30	+20	+14	+10	+6	+4	0		+5	+6	+10	-1+Δ		-4+Δ	-4	-8+Δ	0
6	10	+280	+150	+80	+56	+40	+25	+18	+13	+8	+5	0		+5	+8	+12	-1+Δ		-6+Δ	-6	-10+Δ	0
10	14	+290	+150	+95		+50	+32		+16		+6	0		+6	+10	+15	-1+Δ		-7+Δ	-7	-12+Δ	0
14	18	+290	+150	+95		+50	+32		+16		+6	0		+6	+10	+15	-1+Δ		-7+Δ	-7	-12+Δ	0
18	24	+300	+160	+110		+65	+40		+20		+7	0		+8	+12	+20	-2+Δ		-8+Δ	-8	-15+Δ	0
24	30	+300	+160	+110		+65	+40		+20		+7	0		+8	+12	+20	-2+Δ		-8+Δ	-8	-15+Δ	0
30	40	+310	+170	+120		+80	+50		+25		+9	0		+10	+14	+24	-2+Δ		-9+Δ	-9	-17+Δ	0
40	50	+320	+180	+130		+80	+50		+25		+9	0		+10	+14	+24	-2+Δ		-9+Δ	-9	-17+Δ	0
50	65	+340	+190	+140		+100	+60		+30		+10	0		+13	+18	+28	-2+Δ		-11+Δ	-11	-20+Δ	0
65	80	+360	+200	+150		+100	+60		+30		+10	0		+13	+18	+28	-2+Δ		-11+Δ	-11	-20+Δ	0
80	100	+380	+220	+170		+120	+72		+36		+12	0		+16	+22	+34	-3+Δ		-13+Δ	-13	-23+Δ	0
100	120	+410	+240	+180		+120	+72		+36		+12	0		+16	+22	+34	-3+Δ		-13+Δ	-13	-23+Δ	0
120	140	+460	+260	+200		+145	+85		+43		+14	0		+18	+26	+41	-3+Δ		-15+Δ	-15	-27+Δ	0
140	160	+520	+280	+210		+145	+85		+43		+14	0		+18	+26	+41	-3+Δ		-15+Δ	-15	-27+Δ	0
160	180	+580	+310	+230		+145	+85		+43		+14	0		+18	+26	+41	-3+Δ		-15+Δ	-15	-27+Δ	0
180	200	+660	+340	+240		+170	+100		+50		+15	0		+22	+30	+47	-4+Δ		-17+Δ	-17	-31+Δ	0
200	225	+740	+380	+260		+170	+100		+50		+15	0		+22	+30	+47	-4+Δ		-17+Δ	-17	-31+Δ	0
225	250	+820	+420	+280		+170	+100		+50		+15	0		+22	+30	+47	-4+Δ		-17+Δ	-17	-31+Δ	0
250	280	+920	+480	+300		+190	+110		+56		+17	0		+25	+36	+55	-4+Δ		-20+Δ	-20	-34+Δ	0
280	315	+1 050	+540	+330		+190	+110		+56		+17	0		+25	+36	+55	-4+Δ		-20+Δ	-20	-34+Δ	0
315	355	+1 200	+600	+360		+210	+125		+62		+18	0		+29	+39	+60	-4+Δ		-21+Δ	-21	-37+Δ	0
355	400	+1 350	+680	+400		+210	+125		+62		+18	0		+29	+39	+60	-4+Δ		-21+Δ	-21	-37+Δ	0
400	450	+1 500	+760	+440		+230	+135		+68		+20	0		+33	+43	+66	-5+Δ		-23+Δ	-23	-40+Δ	0
450	500	+1 650	+840	+480		+230	+135		+68		+20	0		+33	+43	+66	-5+Δ		-23+Δ	-23	-40+Δ	0
500	560					+260	+145		+76		+22	0					0		-26		-44	
560	630					+260	+145		+76		+22	0					0		-26		-44	
630	710					+290	+160		+80		+24	0					0		-30		-50	
710	800					+290	+160		+80		+24	0					0		-30		-50	
800	900					+320	+170		+86		+26	0					0		-34		-56	
900	1 000					+320	+170		+86		+26	0					0		-34		-56	
1 000	1 120					+350	+195		+98		+28	0					0		-40		-66	
1 120	1 250					+350	+195		+98		+28	0					0		-40		-66	
1 250	1 400					+390	+220		+110		+30	0					0		-48		-78	
1 400	1 600					+390	+220		+110		+30	0					0		-48		-78	
1 600	1 800					+430	+240		+120		+32	0					0		-58		-92	
1 800	2 000					+430	+240		+120		+32	0					0		-58		-92	
2 000	2 240					+480	+260		+130		+34	0					0		-68		-110	
2 240	2 500					+480	+260		+130		+34	0					0		-68		-110	
2 500	2 800					+520	+290		+145		+38	0					0		-76		-135	
2 800	3 150					+520	+290		+145		+38	0					0		-76		-135	

注：JS 栏　偏差 $=\pm\dfrac{IT_n}{2}$　式中 IT_n 是 IT 值数。

机械零部件测绘

公称尺寸/mm		基本偏差数值 上极限偏差 ES													Δ值 标准公差等级					
		≤IT7	标准公差等级大于IT7																	
大于	至	P~ZC	P	R	S	T	U	V	X	Y	Z	ZA	ZB	ZC	IT3	IT4	IT5	IT6	IT7	IT8
—	3		-6	-10	-14		-18		-20		-26	-32	-40	-60	0	0	0	0	0	0
3	6		-12	-15	-19		-23		-28		-35	-42	-50	-80	1	1.5	1	3	4	6
6	10		-15	-19	-23		-28		-34		-42	-52	-67	-97	1	1.5	2	3	6	7
10	14		-18	-23	-28		-33		-40		-50	-64	-90	-130	1	2	3	3	7	9
14	18						-33	-39	-45		-60	-77	-108	-150						
18	24		-22	-28	-35		-41	-47	-54	-63	-73	-98	-136	-188	1.5	2	3	4	8	12
24	30					-41	-48	-55	-64	-75	-88	-118	-160	-218						
30	40		-26	-34	-43	-48	-60	-68	-80	-94	-112	-148	-200	-274	1.5	3	4	5	9	14
40	50					-54	-70	-81	-97	-114	-136	-180	-242	-325						
50	65		-32	-41	-53	-66	-87	-102	-122	-144	-172	-226	-300	-405	2	3	5	6	11	16
65	80			-43	-59	-75	-102	-120	-146	-174	-210	-274	-360	-480						
80	100		-37	-51	-71	-91	-124	-146	-178	-214	-258	-335	-445	-585	2	4	5	7	13	19
100	120			-54	-79	-104	-144	-172	-210	-254	-310	-400	-525	-690						
120	140		-43	-63	-92	-122	-170	-202	-248	-300	-365	-470	-620	-800	3	4	6	7	15	23
140	160			-65	-100	-134	-190	-228	-280	-340	-415	-535	-700	-900						
160	180		-50	-68	-108	-146	-210	-252	-310	-380	-465	-600	-780	-1 000						
180	200			-77	-122	-166	-236	-284	-350	-425	-520	-670	-880	-1 150	3	4	6	9	17	26
200	225	在大于IT7的相应数值上增加一个Δ值	-56	-80	-130	-180	-258	-310	-385	-470	-575	-740	-960	-1 250						
225	250			-84	-140	-196	-284	-340	-425	-520	-640	-820	-1 050	-1 350						
250	280		-62	-94	-158	-218	-315	-385	-475	-580	-710	-920	-1 200	-1 550	4	4	7	9	20	29
280	315			-98	-170	-240	-350	-425	-525	-650	-790	-1 000	-1 300	-1 700						
315	355		-68	-108	-190	-268	-390	-475	-590	-730	-900	-1 150	-1 500	-1 900	4	5	7	11	21	32
355	400			-114	-208	-294	-435	-530	-660	-820	-1 000	-1 300	-1 650	-2 100						
400	450		-78	-126	-232	-330	-490	-595	-740	-920	-1 100	-1 450	-1 850	-2 400	5	5	7	13	23	34
450	500			-132	-252	-360	-540	-660	-820	-1 000	-1 250	-1 600	-2 100	-2 600						
500	560		-88	-150	-280	-400	-600													
560	630			-155	-310	-450	-660													
630	710		-100	-175	-340	-500	-740													
710	800			-185	-380	-560	-840													
800	900		-120	-210	-430	-620	-940													
900	1 000			-220	-470	-680	-1 050													
1 000	1 120		-140	-250	-520	-780	-1 150													
1 120	1 250			-260	-580	-840	-1 300													
1 250	1 400		-170	-300	-640	-960	-1 450													
1 400	1 600			-330	-720	-1 050	-1 600													
1 600	1 800		-195	-370	-820	-1 200	-1 850													
1 800	2 000			-400	-920	-1 350	-2 000													
2 000	2 240		-240	-440	-1 000	-1 500	-2 300													
2 240	2 500			-460	-1 100	-1 650	-2 500													
2 500	2 800			-550	-1 250	-1 900	-2 900													
2 800	3 150			-580	-1 400	-2 100	-3 200													

注：1. 公称尺寸小于或等于1 mm时，基本偏差A和B及大于IT8的N均不采用。

2. 公差带JS7～JS11，若 IT_n 值数为奇数，则取偏差=±（ IT_n-1）/2。

3. 对小于或等于IT8的K、M、N和小于或等于IT7的P～ZC，所需Δ值从表内右侧选取。

　　例如：18～30 mm 段的K7：Δ=8 μm，所以ES=-2+8=+6 μm

　　　　　18～30 mm 段的S6：Δ=4 μm，所以ES=-35+4=-31 μm

4. 特殊情况：250～315 mm 段的M6，ES=-9 μm（代替-11 μm）。

附表 12　轴的极限偏差表　　　　　　　　　　　　　　　　μm

公称尺寸 /mm		公差带													
		a					b					c				
		公差等级														
大于	至	9	10	11	12	13	9	10	11	12	13	8	9	10	11	12
—	3	-270 -295	-270 -310	-270 -330	-270 -370	-270 -410	-140 -165	-140 -180	-140 -200	-140 -240	-140 -280	-60 -74	-60 -85	-60 -100	-60 -120	-60 -160
3	6	-270 -300	-270 -318	-270 -345	-270 -390	-270 -450	-140 -170	-140 -188	-140 -215	-140 -260	-140 -320	-70 -88	-70 -100	-70 -118	-70 -145	-70 -190
6	10	-280 -316	-280 -338	-280 -370	-280 -430	-280 -500	-150 -186	-150 -208	-150 -240	-150 -300	-150 -370	-80 -102	-80 -116	-80 -138	-80 -170	-80 -220
10	14	-290 -333	-290 -360	-290 -400	-290 -470	-290 -560	-150 -193	-150 -220	-150 -260	-150 -330	-150 -420	-95 -122	-95 -138	-95 -165	-95 -205	-95 -275
14	18															
18	24	-300 -352	-300 -384	-300 -430	-300 -510	-300 -630	-160 -212	-160 -244	-160 -290	-160 -370	-160 -490	-110 -143	-110 -162	-110 -194	-110 -240	-110 -320
24	30															
30	40	-310 -372	-310 -410	-310 -470	-310 -560	-310 -700	-170 -232	-170 -270	-170 -330	-170 -420	-170 -560	-120 -159	-120 -182	-120 -220	-120 -280	-120 -370
40	50	-320 -382	-320 -420	-320 -480	-320 -570	-320 -710	-180 -242	-180 -280	-180 -340	-180 -430	-180 -570	-130 -169	-130 -192	-130 -230	-130 -290	-130 -380
50	65	-340 -414	-340 -460	-340 -530	-340 -640	-340 -800	-190 -264	-190 -310	-190 -380	-190 -490	-190 -650	-140 -186	-140 -214	-140 -260	-140 -330	-140 -440
65	80	-360 -434	-360 -480	-360 -550	-360 -660	-360 -820	-200 -274	-200 -320	-200 -390	-200 -500	-200 -660	-150 -196	-150 -224	-150 -270	-150 -340	-150 -450
80	100	-380 -467	-380 -520	-380 -600	-380 -730	-380 -920	-220 -307	-220 -360	-220 -440	-220 -570	-220 -760	-170 -224	-170 -257	-170 -310	-170 -390	-170 -520
100	120	-410 -497	-410 -550	-410 -630	-410 -760	-410 -950	-240 -327	-240 -380	-240 -460	-240 -590	-240 -780	-180 -234	-180 -267	-180 -320	-180 -400	-180 -530
120	140	-460 -560	-460 -620	-460 -710	-460 -860	-460 -1 090	-260 -360	-260 -420	-260 -510	-260 -660	-260 -890	-200 -263	-200 -300	-200 -360	-200 -450	-200 -600
140	160	-520 -620	-520 -680	-520 -770	-520 -920	-520 -1 150	-280 -380	-280 -440	-280 -530	-280 -680	-280 -910	-210 -273	-210 -310	-210 -370	-210 -460	-210 -610
160	180	-580 -680	-580 -740	-580 -830	-580 -980	-580 -1 210	-310 -410	-310 -470	-310 -560	-310 -710	-310 -940	-230 -293	-230 -330	-230 -390	-230 -480	-230 -630
180	200	-660 -775	-660 -845	-660 -950	-660 -1 120	-660 -1 380	-340 -455	-340 -525	-340 -630	-340 -800	-340 -1 060	-240 -312	-240 -355	-240 -425	-240 -530	-240 -700
200	225	-740 -855	-740 -925	-740 -1 030	-740 -1 200	-740 -1 460	-380 -495	-380 -565	-380 -670	-380 -840	-380 -1 100	-260 -332	-260 -375	-260 -445	-260 -550	-260 -720
225	250	-820 -935	-820 -1 005	-820 -1 110	-820 -1 280	-820 -1 540	-420 -535	-420 -605	-420 -710	-420 -880	-420 -1 140	-280 -352	-280 -395	-280 -465	-280 -570	-280 -740
250	280	-920 -1 050	-920 -1 130	-920 -1 240	-920 -1 440	-920 -1 730	-480 -610	-480 -690	-480 -800	-480 -1 000	-480 -1 290	-300 -381	-300 -430	-300 -510	-300 -620	-300 -820
280	315	-1 050 -1 180	-1 050 -1 260	-1 050 -1 370	-1 050 -1 570	-1 050 -1 860	-540 -670	-540 -750	-540 -860	-540 -1 060	-540 -1 350	-330 -411	-330 -460	-330 -540	-330 -650	-330 -850
315	355	-1 200 -1 340	-1 200 -1 430	-1 200 -1 560	-1 200 -1 770	-1 200 -2 090	-600 -740	-600 -830	-600 -960	-600 -1 170	-600 -1 490	-360 -449	-360 -500	-360 -590	-360 -720	-360 -930
355	400	-1 350 -1 490	-1 350 -1 580	-1 350 -1 710	-1 350 -1 920	-1 350 -2 240	-680 -820	-680 -910	-680 -1 040	-680 -1 250	-680 -1 570	-400 -489	-400 -540	-400 -630	-400 -760	-400 -970
400	450	-1 500 -1 655	-1 500 -1 750	-1 500 -1 900	-1 500 -2 130	-1 500 -2 470	-760 -915	-760 -1 010	-760 -1 160	-760 -1 390	-760 -1 730	-440 -537	-440 -595	-440 -690	-440 -840	-440 -1 070
450	500	-1 650 -1 805	-1 650 -1 900	-1 650 -2 050	-1 650 -2 280	-1 650 -2 620	-840 -995	-840 -1 090	-840 -1 240	-840 -1 470	-840 -1 810	-480 -577	-480 -635	-480 -730	-480 -880	-480 -1 110

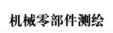

续表

公称尺寸/mm		公差带												
		c	d					e					f		
		公差等级													
大于	至	13	7	8	9	10	11	6	7	8	9	10	5	6	7
—	3	−60 −200	−20 −30	−20 −34	−20 −45	−20 −60	−20 −80	−14 −20	−14 −24	−14 −28	−14 −39	−14 −54	−6 −10	−6 −12	−6 −16
3	6	−70 −250	−30 −42	−30 −48	−30 −60	−30 −78	−30 −105	−20 −28	−20 −32	−20 −38	−20 −50	−20 −68	−10 −15	−10 −18	−10 −22
6	10	−80 −300	−40 −55	−40 −62	−40 −76	−40 −98	−40 −130	−25 −34	−25 −40	−25 −47	−25 −61	−25 −83	−13 −19	−13 −22	−13 −28
10	14	−95 −365	−50 −68	−50 −77	−50 −93	−50 −120	−50 −160	−32 −43	−32 −50	−32 −59	−32 −75	−32 −102	−16 −24	−16 −27	−16 −33
14	18														
18	24	−110 −440	−65 −86	−65 −98	−65 −117	−65 −149	−65 −195	−40 −53	−40 −61	−40 −73	−40 −92	−40 −124	−20 −29	−20 −33	−20 −41
24	30														
30	40	−120 −510	−80 −105	−80 −119	−80 −142	−80 −180	−80 −240	−50 −66	−50 −75	−50 −89	−50 −112	−50 −150	−25 −36	−25 −41	−25 −50
40	50	−130 −520													
50	65	−140 −600	−100 −130	−100 −146	−100 −174	−100 −220	−100 −290	−60 −79	−60 −90	−60 −106	−60 −134	−60 −180	−30 −43	−30 −49	−30 −60
65	80	−150 −610													
80	100	−170 −710	−120 −155	−120 −174	−120 −207	−120 −260	−120 −340	−72 −94	−72 −107	−72 −126	−72 −159	−72 −212	−36 −51	−36 −58	−36 −71
100	120	−180 −720													
120	140	−200 −830	−145 −185	−145 −208	−145 −245	−145 −305	−145 −395	−85 −110	−85 −125	−85 −148	−85 −185	−85 −245	−43 −61	−43 −68	−43 −83
140	160	−210 −840													
160	180	−230 −860													
180	200	−240 −960	−170 −216	−170 −242	−170 −285	−170 −355	−170 −460	−100 −129	−100 −146	−100 −172	−100 −215	−100 −285	−50 −70	−50 −79	−50 −96
200	225	−260 −980													
225	250	−280 −1 000													
250	280	−300 −1 110	−190 −242	−190 −271	−190 −320	−190 −400	−190 −510	−110 −142	−110 −162	−110 −191	−110 −240	−110 −320	−56 −79	−56 −88	−56 −108
280	315	−330 −1 140													
315	355	−360 −1 250	−210 −267	−210 −299	−210 −350	−210 −440	−210 −570	−125 −161	−125 −182	−125 −214	−125 −265	−125 −355	−62 −87	−62 −98	−62 −119
355	400	−400 −1 290													
400	450	−440 −1 410	−230 −293	−230 −327	−230 −385	−230 −480	−230 −630	−135 −175	−135 −198	−135 −232	−135 −290	−135 −385	−68 −95	−68 −108	−68 −131
450	500	−480 −1 450													

续表

公称尺寸/mm		公差带											
		f		g					h					
		\	\	\	\	\	\	\	\	\	\	\	\	\
大于	至	8	9	4	5	6	7	8	1	2	3	4	5	6
—	3	-6 / -20	-6 / -31	-2 / -5	-2 / -6	-2 / -8	-2 / -12	-2 / -16	0 / -0.8	0 / -1.2	0 / -2	0 / -3	0 / -4	0 / -6
3	6	-10 / -28	-10 / -40	-4 / -8	-4 / -9	-4 / -12	-4 / -16	-4 / -22	0 / -1	0 / -1.5	0 / -2.5	0 / -3	0 / -5	0 / -8
6	10	-13 / -35	-13 / -49	-5 / -9	-5 / -11	-5 / -14	-5 / -20	-5 / -27	0 / -1	0 / -1.5	0 / -2.5	0 / -4	0 / -6	0 / -9
10	14	-16 / -43	-16 / -59	-6 / -11	-6 / -14	-6 / -17	-6 / -24	-6 / -33	0 / -1.2	0 / -2	0 / -3	0 / -5	0 / -8	0 / 11
14	18													
18	24	-20 / -53	-20 / -72	-7 / -13	-7 / -16	-7 / -20	-7 / -28	-7 / -40	0 / -1.5	0 / 2.5	0 / -4	0 / -6	0 / -9	0 / -13
24	30													
30	40	-25 / -64	-25 / -87	-9 / -16	-9 / -20	-9 / -25	-9 / -34	-9 / -48	0 / -1.5	0 / -2.5	0 / -4	0 / -7	0 / -11	0 / -16
40	50													
50	65	-30 / -76	-30 / -104	-10 / -18	-10 / -23	-10 / -29	-10 / -40	-10 / -50	0 / -2	0 / -3	0 / -5	0 / -8	0 / -13	0 / -19
65	80													
80	100	-36 / -90	-36 / -123	-12 / -22	-12 / -27	-12 / -34	-12 / -47	-12 / -66	0 / -2.5	0 / -4	0 / -6	0 / -10	0 / -15	0 / -22
100	120													
120	140	-43 / -106	-43 / -143	-14 / -26	-14 / -32	-14 / -39	-14 / -54	-14 / -77	0 / -3.5	0 / -5	0 / -8	0 / -12	0 / -18	0 / -25
140	160													
160	180													
180	200	-50 / -122	-50 / -165	-15 / -29	-15 / -35	-15 / -41	-15 / -61	-15 / -87	0 / -4.5	0 / -7	0 / -10	0 / -14	0 / -20	0 / -29
200	225													
225	250													
250	280	-56 / -137	-56 / -186	-17 / -33	-17 / -40	-17 / -49	-17 / -69	-17 / -98	0 / -6	0 / -8	0 / -12	0 / -16	0 / -23	0 / -32
280	315													
315	355	-62 / -151	-62 / -202	-18 / -36	-18 / -43	-18 / -54	-18 / -75	-18 / -107	0 / -7	0 / -9	0 / -13	0 / -18	0 / -25	0 / -36
355	400													
400	450	-68 / -165	-68 / -233	-20 / -40	-20 / -47	-20 / -60	-20 / -83	-20 / -117	0 / -8	0 / -10	0 / -15	0 / -20	0 / -27	0 / -40
450	500													

续表

公称尺寸 /mm		公差带												
		h							j			js		
		公差等级												
大于	至	7	8	9	10	11	12	13	5	6	7	1	2	3
—	3	0 −10	0 −14	0 −25	0 −40	0 −60	0 −100	0 −140	—	+4 −2	+6 −4	±0.4	±0.6	±1
3	6	0 −12	0 −18	0 −36	0 −48	0 −75	0 −120	0 −180	+3 −2	+6 −2	+8 −4	±0.5	±0.75	±1.25
6	10	0 −15	0 −22	0 −30	0 −58	0 −90	0 −150	0 −220	+4 −2	+7 −2	+10 −5	±0.5	±0.75	±1.25
10	14	0 −18	0 −27	0 −43	0 −70	0 −110	0 −180	0 −270	+5 −3	+8 −3	+12 −6	±0.6	±1	±1.5
14	18													
18	24	0 −21	0 −33	0 −52	0 −84	0 −130	0 −210	0 −330	+5 −4	+9 −4	+13 −8	±0.75	±1.25	±2
24	30													
30	40	0 −25	0 −39	0 −62	0 −100	0 −160	0 −250	0 −390	+6 −5	+11 −5	+15 −10	±0.75	±1.25	±2
40	50													
50	65	0 −30	0 −46	0 −74	0 −120	0 −190	0 −300	0 −460	+6 −7	+12 −7	+18 −12	±1	±1.5	±2.5
65	80													
80	100	0 −35	0 −54	0 −87	0 −140	0 −220	0 −350	0 −540	+6 −9	+13 −9	+20 −15	±1.25	±2	±3
100	120													
120	140	0 −40	0 −63	0 −100	0 −160	0 −250	0 −400	0 −630	+7 −11	+14 −11	+22 −18	±1.75	±2.5	±4
140	160													
160	180													
180	200	0 −46	0 −72	0 −115	0 −185	0 −290	0 −460	0 −720	+7 −13	+16 −13	+25 −21	±2.25	±3.5	±5
200	225													
225	250													
250	280	0 −52	0 −81	0 −130	0 −210	0 −320	0 −520	0 −810	+7 −16	—	—	±3	±4	±6
280	315													
315	355	0 −57	0 −89	0 −140	0 −230	0 −360	0 −570	0 −890	+7 −18	—	+29 −28	±3.5	±4.5	±6.5
355	400													
400	450	0 −63	0 −97	0 −155	0 −250	0 −400	0 −630	0 −970	+7 −20	—	+31 −32	±4	±5	±7.5
450	500													

公称尺寸/mm		公差带											
		js										k	
		公差等级											
大于	至	4	5	6	7	8	9	10	11	12	13	4	5
—	3	±1.5	±2	±3	±5	±7	±12	±20	±30	±50	±70	+3 0	+4 0
3	6	±2	±2.5	±4	±6	±9	±15	±24	±37	±60	±90	+5 +1	+6 +1
6	10	±2	±3	±4.5	±7	±11	±18	±29	±45	±75	±110	+5 +1	+7 +1
10	14	±2.5	±4	±5.5	±9	±13	±21	±35	±55	±90	±135	+6 +1	+9 +1
14	18												
18	24	±3	±4.5	±6.5	±10	±16	±26	±42	±65	±105	±165	+8 +2	+11 +2
24	30												
30	40	±3.5	±5.5	±8	±12	±19	±31	±50	±80	±125	±195	+9 +2	+13 +2
40	50												
50	65	±4	±6.5	±9.5	±15	±23	±37	±60	±95	±150	±230	+10 +2	+15 +2
65	80												
80	100	±5	±7.5	±11	±17	±27	±43	±70	±110	±175	±270	+13 +3	+18 +3
100	120												
120	140	±6	±9	±12.5	±20	±31	±50	±80	±125	±200	±315	+15 +3	+21 +3
140	160												
160	180												
180	200	±7	±10	±14.5	±23	±36	±57	±92	±145	±230	±360	+18 +4	+24 +4
200	225												
225	250												
250	280	±8	±11.5	±16	±26	±40	±65	±105	±160	±200	±405	+20 +4	+27 +4
280	315												
315	355	±9	±12.5	±18	±28	±44	±70	±115	±180	±285	±445	+22 +4	+29 +4
355	400												
400	450	±10	±13.5	±20	±31	±48	±77	±125	±200	±315	±485	+25 +5	+32 +5
450	500												

续表

公称尺寸/mm		公差带												
		k			m					n				
		公差等级												
大于	至	6	7	8	4	5	6	7	8	4	5	6	7	8
—	3	+6 0	+10 0	+14 0	+5 +2	+6 +2	+8 +2	+12 +2	+16 +2	+7 +4	+8 +4	+10 +4	+14 +4	+18 +4
3	6	+9 +1	+13 +1	+18 0	+8 +4	+9 +4	+12 +4	+16 +4	+22 +4	+12 +8	+13 +8	+16 +8	+20 +8	+26 +8
6	10	+10 +1	+16 +1	+22 0	+10 +6	+12 +6	+15 +6	+21 +6	+28 +6	+14 +10	+16 +10	+19 +10	+25 +10	+32 +10
10	14	+12 +1	+19 +1	+27 0	+12 +7	+15 +7	+18 +7	+25 +7	+34 +7	+17 +12	+20 +12	+23 +12	+30 +12	+39 +12
14	18													
18	24	+15 +2	+23 +2	+33 0	+14 +8	+17 +8	+21 +8	+29 +8	+41 +8	+21 +15	+24 +15	+28 +15	+36 +15	+48 +15
24	30													
30	40	+18 +2	+27 +2	+39 0	+16 +9	+20 +9	+25 +9	+34 +9	+48 +9	+24 +17	+28 +17	+33 +17	+42 +17	+56 +17
40	50													
50	65	+21 +2	+32 +2	+46 0	+19 +11	+24 +11	+30 +11	+41 +11	+57 +11	+28 +20	+33 +20	+39 +20	+50 +20	+66 +20
65	80													
80	100	+25 +3	+38 +3	+54 0	+23 +13	+28 +13	+35 +13	+48 +13	+67 +13	+33 +13	+38 +23	+45 +23	+58 +23	+77 +23
100	120													
120	140	+28 +3	+43 +3	+63 0	+27 +15	+33 +15	+40 +15	+55 +15	+78 +15	+39 +27	+45 +27	+52 +27	+67 27	+90 +27
140	160													
160	180													
180	200	+33 +4	+50 +4	+72 0	+31 +17	+37 +17	+46 +17	+63 +17	+89 +17	+45 +31	+51 +31	+60 +31	+77 +31	+103 +31
200	225													
225	250													
250	280	+36 +4	+56 +4	+81 0	+36 +20	+43 +20	+52 +20	+72 +20	+101 +20	+50 +34	+57 +34	+66 +34	+86 +34	+115 +34
280	315													
315	355	+40 +4	+61 +4	+89 0	+39 +21	+46 +21	+57 +21	+78 +21	+110 +21	+55 +37	+62 +37	+73 +37	+94 +37	+126 +37
355	400													
400	450	+45 +5	+68 +5	+97 0	+43 +23	+50 +23	+63 +23	+86 +23	+120 +23	+60 +40	+67 +40	+80 +40	+103 +40	+137 +40
450	500													

公差带 / 公差等级（单位：µm，数值以 上偏差/下偏差 表示）

公称尺寸/mm 大于	至	p4	p5	p6	p7	p8	r4	r5	r6	r7	r8	s4	s5	s6
—	3	+9/+6	+10/+6	+12/+6	+16/+6	+20/+6	+13/+10	+14/+10	+16/+10	+20/+10	+24/+10	+17/+14	+18/+14	+20/+14
3	6	+16/+12	+17/+12	+20/+12	+24/+12	+30/+12	+19/+15	+20/+15	+23/+15	+27/+15	+33/+15	+23/+19	+24/+19	+27/+19
6	10	+19/+15	+21/+15	+24/+15	+30/+15	+37/+15	+23/+19	+25/+19	+28/+19	+34/+19	+41/+19	+27/+23	+29/+23	+32/+23
10	14	+23/+18	+26/+18	+29/+18	+36/+18	+45/+18	+28/+23	+31/+23	+34/+23	+41/+23	+50/+23	+33/+28	+36/+28	+39/+28
14	18	+23/+18	+26/+18	+29/+18	+36/+18	+45/+18	+28/+23	+31/+23	+34/+23	+41/+23	+50/+23	+33/+28	+36/+28	+39/+28
18	24	+28/+22	+31/+22	+35/+22	+43/+22	+55/+22	+34/+28	+37/+28	+41/+28	+49/+28	+61/+28	+41/+35	+44/+35	+48/+35
24	30	+28/+22	+31/+22	+35/+22	+43/+22	+55/+22	+34/+28	+37/+28	+41/+28	+49/+28	+61/+28	+41/+35	+44/+35	+48/+35
30	40	+33/+26	+37/+26	+42/+26	+51/+26	+65/+26	+41/+34	+45/+34	+50/+34	+59/+34	+73/+34	+50/+43	+54/+43	+59/+43
40	50	+33/+26	+37/+26	+42/+26	+51/+26	+65/+26	+41/+34	+45/+34	+50/+34	+59/+34	+73/+34	+50/+43	+54/+43	+59/+43
50	65	+40/+32	+45/+32	+51/+32	+62/+32	+78/+32	+49/+41	+54/+41	+60/+41	+71/+41	+87/+41	+61/+53	+66/+53	+72/+53
65	80	+40/+32	+45/+32	+51/+32	+62/+32	+78/+32	+51/+43	+56/+43	+62/+43	+73/+43	+89/+43	+67/+59	+72/+59	+78/+59
80	100	+47/+37	+52/+37	+59/+37	+72/+37	+91/+37	+61/+51	+66/+51	+73/+51	+86/+51	+105/+51	+81/+71	+86/+71	+93/+71
100	120	+47/+37	+52/+37	+59/+37	+72/+37	+91/+37	+64/+54	+69/+54	+76/+54	+89/+54	+108/+54	+89/+79	+94/+79	+101/+79
120	140	+55/+43	+61/+43	+68/+43	+73/+43	+100/+43	+75/+63	+81/+63	+88/+63	+103/+63	+126/+63	+104/+92	+110/+92	+117/+92
140	160	+55/+43	+61/+43	+68/+43	+73/+43	+100/+43	+77/+65	+83/+65	+90/+65	+105/+65	+128/+65	+112/+100	+118/+100	+125/+100
160	180	+55/+43	+61/+43	+68/+43	+73/+43	+100/+43	+80/+68	+86/+68	+93/+68	+108/+68	+131/+68	+120/+108	+126/+108	+133/+108
180	200	+64/+50	+70/+50	+79/+50	+96/+50	+122/+50	+91/+77	+97/+77	+106/+77	+123/+77	+149/+77	+136/+122	+142/+122	+151/+122
200	225	+64/+50	+70/+50	+79/+50	+96/+50	+122/+50	+94/+80	+100/+80	+109/+80	+126/+80	+152/+80	+144/+130	+150/+130	+159/+130
225	250	+64/+50	+70/+50	+79/+50	+96/+50	+122/+50	+98/+84	+104/+84	+113/+84	+130/+84	+156/+84	+154/+140	+160/+140	+169/+140
250	280	+72/+56	+79/+56	+88/+56	+108/+56	+137/+56	+110/+94	+117/+94	+126/+94	+146/+94	+175/+94	+174/+158	+181/+158	+190/+158
280	315	+72/+56	+79/+56	+88/+56	+108/+56	+137/+56	+114/+98	+121/+98	+130/+98	+150/+98	+179/+98	+186/+170	+193/+170	+202/+170
315	355	+80/+62	+87/+62	+98/+62	+119/+62	+151/+62	+126/+108	+133/+108	+144/+108	+165/+108	+197/+108	+208/+190	+215/+190	+226/+190
355	400	+80/+62	+87/+62	+98/+62	+119/+62	+151/+62	+132/+114	+139/+114	+150/+114	+171/+114	+203/+114	+226/+208	+233/+208	+244/+208
400	450	+88/+68	+95/+68	+108/+68	+131/+68	+165/+68	+146/+126	+153/+126	+166/+126	+189/+126	+223/+126	+252/+232	+259/+232	+272/+232
450	500	+88/+68	+95/+68	+108/+68	+131/+68	+165/+68	+152/+132	+159/+132	+172/+132	+195/+132	+229/+132	+272/+252	+279/+252	+292/+252

续表

公称尺寸/mm		公差带												
		s		t				u				v		
		公差等级												
大于	至	7	8	5	6	7	8	5	6	7	8	5	6	7
—	3	+24 +14	+28 +14	—	—	—	—	+22 +18	+24 +18	+28 +18	+32 +18	—	—	—
3	6	+31 +19	+37 +19	—	—	—	—	+28 +23	+31 +23	+35 +23	+41 +23	—	—	—
6	10	+38 +23	+45 +23	—	—	—	—	+34 +28	+37 +28	+43 +28	+50 +28	—	—	—
10	14	+46 +28	+55 +28	—	—	—	—	+41 +33	+44 +33	+51 +33	+60 +33	—	—	—
14	18			—	—	—	—					+47 +39	+50 +39	+57 +39
18	24	+56 +35	+68 +35	—	—	—	—	+50 +41	+54 +41	+62 +41	+74 +41	+56 +47	+60 +47	+68 +47
24	30			+50 +41	+54 +41	+62 +41	+74 +41	+57 +48	+61 +48	+69 +48	+81 +48	+64 +55	+68 +55	+76 +55
30	40	+68 +43	+82 +43	+59 +48	+64 +48	+73 +48	+87 +48	+71 +60	+76 +60	+85 +60	+99 +60	+79 +68	+84 +68	+93 +68
40	50			+65 +54	+70 +54	+79 +54	+93 +54	+81 +70	+86 +70	+95 +70	+109 +70	+92 +81	+97 +81	+106 +81
50	65	+83 +53	+90 +53	+79 +66	+85 +66	+96 +66	+112 +66	+100 +87	+106 +87	+117 +87	+133 +87	+115 +102	+121 +102	+132 +102
65	80	+89 +59	+105 +59	+88 +75	+94 +75	+105 +75	+121 +75	+115 +102	+121 +102	+132 +102	+148 +102	+133 +120	+139 +120	+150 +120
80	100	+106 +71	+125 +71	+106 +91	+113 +91	+126 +91	+145 +91	+139 +124	+146 +124	+159 +124	+178 +124	+161 +146	+168 +146	+181 +146
100	120	+114 +79	+133 +79	+119 +104	+126 +104	+139 +104	+158 +104	+159 +144	+166 +144	+179 +144	+198 144	+187 +172	+194 +172	+207 +172
120	140	+132 +92	+155 +92	+140 +122	+147 +122	+162 +122	+185 +122	+188 +170	+195 +170	+210 +170	+233 +170	+220 +202	+227 +202	+242 +202
140	160	+140 +100	+163 +100	+152 +134	+159 +134	+174 +134	+197 +134	+208 +190	+215 +190	+230 +190	+253 +190	+246 +228	+253 +228	+268 +228
160	180	+148 +108	+171 +108	+164 +146	+171 +146	+186 +146	+209 +146	+228 +210	+235 +210	+250 +210	+273 +210	+270 +252	+277 +252	+292 +252
180	200	+168 +122	+194 +122	+186 +166	+195 +166	+212 +166	+238 +166	+256 +236	+265 +236	+282 +236	+308 +236	+304 +284	+313 +284	+330 +284
200	225	+176 +130	+202 +130	+200 +180	+209 +180	+226 +180	+252 +180	+278 +258	+287 +258	+304 +258	+330 +258	+330 +310	+339 +310	+356 +310
225	250	+186 +140	+212 +140	+216 +196	+225 +196	+242 +196	+268 +196	+304 +284	+313 +284	+330 +284	+356 +284	+360 +340	+369 +340	+386 +340
250	280	+210 +158	+239 +158	+241 +218	+250 +218	+270 +218	+299 +218	+338 +315	+347 +315	+367 +315	+396 +315	+408 +385	+417 +385	+437 +385
280	315	+222 +170	+251 +170	+263 +240	+272 +240	+292 +240	+321 +240	+373 +350	+382 +350	+402 +350	+431 +350	+448 +425	+457 +425	+477 +425
315	355	+247 +190	+279 +190	+293 +268	+304 +268	+325 +268	+357 +268	+415 +390	+426 +390	+447 +390	+479 +390	+500 +475	+511 +475	+532 +475
335	400	+265 +208	+297 +208	+319 +294	+330 +294	+351 +294	+383 +294	+460 +435	+471 +435	+492 +435	+524 +435	+555 +530	+566 +530	+587 +530
400	450	+295 +232	+329 +232	+357 +330	+370 +330	+393 +330	+427 +330	+517 +490	+530 +490	+553 +490	+587 +490	+622 +595	+635 +595	+658 +595
450	500	+315 +252	+349 +252	+387 +360	+400 +360	+423 +360	+457 +360	+567 +540	+580 +540	+603 +540	+637 +540	+687 +660	+700 +660	+723 +660

续表

公称尺寸/mm		公差带												
		v	x				y				z			
		公差等级												
大于	至	8	5	6	7	8	5	6	7	8	5	6	7	8
—	3	—	+24 +20	+26 +20	+30 +20	+34 +20	—	—	—	—	+30 +26	+32 +26	+36 +26	+40 +26
3	6	—	+33 +28	+36 +28	+40 +28	+46 +28	—	—	—	—	+40 +35	+43 +35	+47 +35	+53 +35
6	10	—	+40 +34	+43 +34	+49 +34	+56 +34	—	—	—	—	+48 +42	+51 +42	+57 +42	+64 +42
10	14	—	+48 +40	+51 +40	+58 +40	+67 +40	—	—	—	—	+58 +50	+61 +50	+68 +50	+77 +50
14	18	+66 +39	+53 +45	+56 +45	+63 +45	+72 +45	—	—	—	—	+68 +60	+71 +60	+78 +60	+87 +60
18	24	+80 +47	+63 +54	+67 +54	+75 +54	+87 +54	+72 +63	+76 +63	+84 +63	+96 +63	+82 +73	+86 +73	+94 +73	+106 +73
24	30	+88 +55	+73 +64	+77 +64	+85 +64	+97 +64	+84 +75	+88 +75	+96 +75	+108 +75	+97 +88	+101 +88	+109 +88	+121 +88
30	40	+107 +68	+91 +80	+96 +80	+105 +80	+119 +80	+105 +94	+110 +94	+119 +96	+133 +94	+123 +112	+128 +112	+137 +112	+151 +112
40	50	+120 +81	+108 +97	+113 +97	+122 +97	+136 +97	+125 +114	+130 +114	+139 +114	+153 +114	+147 +136	+152 +136	+161 +136	+175 +136
50	65	+148 +102	+135 +122	+141 +122	+152 +122	+168 +122	+157 +144	+163 +144	+174 +144	+190 +144	+185 +172	+191 +172	+202 +172	+218 +172
65	80	+166 +120	+159 +146	+165 +146	+176 +146	+192 +146	+187 +174	+193 +174	+204 +174	+220 +174	+223 +210	+229 +210	+240 +210	+256 +210
80	100	+200 +146	+193 +178	+200 +178	+213 +178	+232 +178	+229 +214	+236 +214	+249 +214	+268 +214	+273 +258	+280 +258	+293 +258	+312 +258
100	120	+226 +172	+225 +210	+232 +210	+245 +210	+264 +210	+269 +254	+276 +254	+289 +254	+308 +254	+325 +310	+332 +310	+345 +310	+364 +310
120	140	+265 +202	+266 +248	+273 +248	+288 +248	+311 +248	+318 +300	+325 +300	+340 +300	+368 +300	+383 +365	+390 +365	+405 +365	+428 +365
140	160	+291 +228	+298 +280	+305 +280	+320 +280	+343 +280	+358 +340	+365 +340	+380 +340	+403 +340	+433 +415	+440 +415	+455 +415	+487 +415
160	180	+315 +252	+328 +310	+335 +310	+350 +310	+373 +310	+398 +380	+405 +380	+420 +380	+443 +380	+483 +465	+490 +465	+505 +465	+528 +465
180	200	+356 +284	+370 +350	+379 +350	+396 +350	+422 +350	+445 +425	+454 +425	+471 +425	+497 +425	+540 +520	+549 +520	+566 +520	+592 +520
200	225	+382 +310	+405 +385	+414 +385	+431 +385	+457 +385	+490 +470	+499 +470	+516 +470	+542 +470	+595 +575	+604 +575	+621 +575	+647 +575
225	250	+412 +340	+445 +425	+454 +425	+471 +425	+497 +425	+540 +520	+549 +520	+566 +520	+592 +520	+660 +640	+669 +640	+686 +640	+712 +640
250	280	+466 +385	+498 +475	+507 +475	+527 +475	+556 +475	+603 +580	+612 +580	+632 +580	+661 +580	+733 +710	+742 +710	+762 +710	+791 +710
280	315	+506 +425	+548 +525	+557 +525	+577 +525	+606 +525	+673 +650	+682 +650	+702 +650	+731 +650	+813 +790	+822 +790	+842 +790	+871 +790
315	355	+564 +475	+615 +590	+626 +590	+647 +590	+679 +590	+755 +730	+766 +730	+787 +730	+819 +730	+925 +900	+936 +900	+957 +900	+989 +900
355	400	+619 +530	+685 +660	+696 +660	+717 +660	+749 +660	+845 +820	+856 +820	+877 +820	+909 +820	+1 025 +1 000	+1 036 +1 000	+1 057 +1 000	+1 089 +1 000
400	450	+692 +595	+767 +740	+780 +740	+803 +740	+837 +740	+947 +920	+960 +920	+983 +920	+1 017 +920	+1 127 +1 100	+1 140 +1 100	+1 163 +1 100	+1 197 +1 100
450	500	+757 +660	+847 +820	+860 +820	+883 +820	+917 +820	+1 027 +1 000	+1 040 +1 000	+1 063 +1 000	+1 097 +1 000	+1 277 +1 250	+1 290 +1 250	+1 313 +1 250	+1 347 +1 250

注：公称尺寸小于 1 mm 时，各级的 a 和 b 均不采用。

附表 13 孔的极限偏差表 μm

公称尺寸/mm		公差带												
		A				B				C				
		公差等级												
大于	至	9	10	11	12	9	10	11	12	8	9	10	11	12
—	3	+295 +270	+310 +270	+330 +270	+370 +270	+165 +140	+180 +140	+200 +140	+240 +140	+74 +60	+85 +60	+100 +60	+120 +60	+160 +60
3	6	+300 +270	+318 +270	+345 +270	+390 +270	+170 +140	+188 +140	+215 +140	+260 +140	+88 +70	+100 +70	+118 +70	+145 +70	+190 +70
6	10	+316 +280	+338 +280	+370 +280	+430 +280	+186 +150	+208 +150	+240 +150	+300 +150	+102 +80	+116 +80	+138 +80	+170 +80	+230 +80
10	14	+333 +290	+360 +290	+400 +290	+470 +290	+193 +150	+220 +150	+260 +150	+330 +150	+122 +95	+138 +95	+165 +95	+205 +95	+275 +95
14	18													
18	24	+352 +300	+384 +300	+430 +300	+510 +300	+212 +160	+244 +160	+290 +160	+370 +160	+143 +110	+162 +110	+194 +110	+240 +110	+320 +110
24	30													
30	40	+372 +310	+410 +310	+470 +310	+560 +310	+232 +170	+270 +170	+330 +170	+420 +170	+159 +120	+182 +120	+220 +120	+280 +120	+370 +120
40	50	+382 +320	+420 +320	+480 +320	+570 +320	+242 +180	+280 +180	+340 +180	+430 +180	+169 +130	+192 +130	+230 +130	+290 +130	+380 +130
50	65	+414 +340	+460 +340	+530 +340	+640 +340	+264 +190	+310 +190	+380 +190	+490 +190	+186 +140	+214 +140	+260 +140	+330 +140	+440 +140
65	80	+434 +360	+480 +360	+550 +360	+660 +360	+274 +200	+320 +200	+390 +200	+500 +200	+196 +150	+224 +150	+270 +150	+340 +150	+450 +150
80	100	+467 +380	+520 +380	+600 +380	+730 +380	+307 +220	+360 +220	+440 +220	+570 +220	+224 +170	+257 +170	+310 +170	+390 +170	+520 +170
100	120	+497 +410	+550 +410	+630 +410	+760 +410	+327 +240	+380 +240	+460 +240	+590 +240	+234 +180	+267 +180	+320 +180	+400 +180	+530 +180
120	140	+560 +460	+620 +460	+710 +460	+860 +460	+360 +260	+420 +260	+510 +260	+660 +260	+263 +200	+300 +200	+360 +200	+450 +200	+600 +200
140	160	+620 +520	+680 +520	+770 +520	+920 +520	+380 +280	+440 +280	+530 +280	+680 +280	+273 +210	+310 +210	+370 +210	+460 +210	+610 +210
160	180	+680 +580	+740 +580	+830 +580	+980 +580	+410 +310	+470 +310	+560 +310	+710 +310	+293 +230	+330 +230	+390 +230	+480 +230	+630 +230
180	200	+775 +660	+845 +660	+950 +660	+1 120 +660	+455 +340	+525 +340	+630 +340	+800 +340	+312 +240	+355 +240	+425 +240	+530 +240	+700 +240
200	225	+855 +740	+925 +740	+1 030 +740	+1 200 +740	+495 +380	+565 +380	+670 +380	+840 +380	+332 +260	+375 +260	+445 +260	+550 +260	+720 +260
225	250	+935 +820	+1 005 +820	+1 110 +820	+1 280 +820	+535 +420	+605 +420	+710 +420	+880 +420	+352 +280	+395 +280	+465 +280	+570 +280	+740 +280
250	280	+1 050 +920	+1 130 +920	+1 240 +920	+1 440 +920	+610 +480	+690 +480	+800 +480	+1 000 +480	+381 +300	+430 +300	+510 +300	+620 +300	+820 +300
280	315	+1 180 +1 050	+1 260 +1 050	+1 370 +1 050	+1 570 +1 050	+670 +540	+750 +540	+860 +540	+1 060 +540	+411 +330	+460 +330	+540 +330	+650 +330	+850 +330
315	355	+1 340 +1 200	+1 430 +1 200	+1 560 +1 200	+1 770 +1 200	+740 +600	+830 +600	+960 +600	+1 170 +600	+449 +360	+500 +360	+590 +360	+720 +360	+930 +360
355	400	+1 490 +1 350	+1 580 +1 350	+1 710 +1 350	+1 920 +1 350	+820 +680	+910 +680	+1 040 +680	+1 250 +680	+489 +400	+540 +400	+630 +400	+760 +400	+970 +400
400	450	+1 655 +1 500	+1 750 +1 500	+1 900 +1 500	+2 130 +1 500	+915 +760	+1 010 +760	+1 160 +760	+1 390 +760	+537 +440	+595 +440	+690 +440	+840 +440	+1 070 +440
450	500	+1 805 +1 650	+1 900 +1 650	+2 050 +1 650	+2 280 +1 650	+995 +840	+1 090 +840	+1 240 +840	+1 470 +840	+577 +480	+635 +480	+730 +480	+880 +480	+1 110 +480

续表

公称尺寸 /mm		公差带												
		D					E				F			
		公差等级												
大于	至	7	8	9	10	11	7	8	9	10	6	7	8	9
—	3	+30 +20	+34 +20	+45 +20	+60 +20	+80 +20	+24 +14	+28 +14	+39 +14	+54 +14	+12 +6	+16 +6	+20 +6	+31 +6
3	6	+42 +30	+48 +30	+60 +30	+78 +30	+105 +30	+32 +20	+38 +20	+50 +20	+68 +20	+18 +10	+22 +10	+28 +10	+40 +10
6	10	+55 +40	+62 +40	+76 +40	+98 +40	+130 +40	+40 +25	+47 +25	+61 +25	+83 +25	+22 +13	+28 +13	+35 +13	+49 +13
10	14	+68 +50	+77 +50	+93 +50	+120 +50	+160 +50	+50 +32	+59 +32	+75 +32	+102 +32	+27 +16	+34 +16	+43 +16	+59 +16
14	18													
18	24	+86 +65	+98 +65	+117 +65	+149 +65	+195 +65	+61 +40	+73 +40	+92 +40	+124 +40	+33 +20	+41 +20	+53 +20	+72 +20
24	30													
30	40	+105 +80	+119 +80	+142 +80	+180 +80	+240 +80	+75 +50	+89 +50	+112 +50	+150 +50	+41 +25	+50 +25	+64 +25	+87 +25
40	50													
50	65	+130 +100	+146 +100	+174 +100	+220 +100	+290 +100	+90 +60	+106 +60	+134 +60	+180 +60	+49 +30	+60 +30	+76 +30	+104 +30
65	80													
80	100	+155 +120	+174 +120	+207 +120	+260 +120	+340 +120	+107 +72	+126 +72	+159 +72	+212 +72	+58 +36	+71 +36	+90 +36	+123 +36
100	120													
120	140	+185 +145	+208 +145	+245 +145	+305 +145	+395 +145	+125 +85	+148 +85	+185 +85	+245 +85	+68 +43	+83 +43	+106 +43	+143 +43
140	160													
160	180													
180	200	+216 +170	+242 +170	+285 +170	+355 +170	+460 +170	+146 +100	+172 +100	+215 +100	+285 +100	+79 +50	+96 +50	+122 +50	+165 +50
200	225													
225	250													
250	280	+242 +190	+271 +190	+320 +190	+400 +190	+510 +190	+162 +110	+191 +110	+240 +110	+320 +110	+88 +56	+108 +56	+137 +56	+186 +56
280	315													
315	355	+267 +210	+299 +210	+350 +210	+440 +210	+570 +210	+182 +125	+214 +125	+265 +125	+355 +125	+98 +62	+119 +62	+151 +62	+202 +62
355	400													
400	450	+293 +230	+327 +230	+385 +230	+480 +230	+630 +230	+198 +135	+232 +135	+290 +135	+385 +135	+108 +68	+131 +68	+165 +68	+223 +68
450	500													

续表

公称尺寸/mm		公差带												
		G				H								
		公差等级												
大于	至	5	6	7	8	1	2	3	4	5	6	7	8	9
—	3	+6 +2	+8 +2	+12 +2	+16 +2	+0.8 0	+1.2 0	+2 0	+3 0	+4 0	+6 0	+10 0	+14 0	+25 0
3	6	+9 +4	+12 +4	+16 +4	+22 +4	+1 0	+1.5 0	+2.5 0	+4 0	+5 0	+8 0	+12 0	+18 0	+30 0
6	10	+11 +5	+14 +5	+20 +5	+27 +5	+1 0	+1.5 0	+2.5 0	+4 0	+6 0	+9 0	+15 0	+22 0	+36 0
10	14	+14 +6	+17 +6	+24 +6	+33 +6	+1.2 0	+2 0	+3 0	+5 0	+8 0	+11 0	+18 0	+27 0	+43 0
14	18													
18	24	+16 +7	+20 +7	+28 +7	+40 +7	+1.5 0	+2.5 0	+4 0	+6 0	+9 0	+13 0	+21 0	+33 0	+52 0
24	30													
30	40	+20 +9	+25 +9	+34 +9	+48 +9	+1.5 0	+2.5 0	+4 0	+7 0	+11 0	+16 0	+25 0	+39 0	+62 0
40	50													
50	65	+23 +10	+29 +10	+40 +10	+56 +10	+2 0	+3 0	+5 0	+8 0	+13 0	+19 0	+30 0	+46 0	+74 0
65	80													
80	100	+27 +12	+34 +12	+47 +12	+66 +12	+2.5 0	+4 0	+6 0	+10 0	+15 0	+22 0	+35 0	+54 0	+87 0
100	120													
120	140	+32 +14	+39 +14	+54 +14	+77 +14	+3.5 0	+5 0	+8 0	+12 0	+18 0	+25 0	+40 0	+63 0	+100 0
140	160													
160	180													
180	200	+35 +15	+44 +15	+61 +15	+87 +15	+4.5 0	+7 0	+10 0	+14 0	+20 0	+29 0	+46 0	+72 0	+115 0
200	225													
225	250													
250	280	+40 +17	+49 +17	+69 +17	+98 +17	+6 0	+8 0	+12 0	+16 0	+23 0	+32 0	+52 0	+81 0	+130 0
280	315													
315	355	+43 +18	+54 +18	+75 +18	+107 +18	+7 0	+9 0	+13 0	+18 0	+25 0	+36 0	+57 0	+89 0	+140 0
335	400													
400	450	+47 +20	+62 +20	+83 +20	+117 +20	+8 0	+10 0	+15 0	+20 0	+27 0	+40 0	+63 0	+97 0	+155 0
450	500													

续表

公称尺寸 /mm		公差带											
大于	至	H				J			JS					
		公差等级												
		10	11	12	13	6	7	8	1	2	3	4	5	6
—	3	+40 0	+60 0	+100 0	+140 0	+2 −4	+4 −6	+6 −8	±0.4	±0.6	±1	±1.5	±2	±3
3	6	+48 0	+75 0	+120 0	+180 0	+5 −3	—	+10 −8	±0.5	±0.75	±1.25	±2	±2.5	±4
6	10	+58 0	+90 0	+150 0	+220 0	+5 −4	+8 −7	+12 −10	±0.5	±0.75	±1.25	±2	±3	±4.5
10	14	+70 0	+110 0	+180 0	+270 0	+6 −5	+10 −8	+15 −12	±0.6	±1	±1.5	±2.5	±4	±5.5
14	18													
18	24	+84 0	+130 0	+210 0	+330 0	+8 −5	+12 −9	+20 −13	±0.75	±1.25	±2	±3	±4.5	±6.5
24	30													
30	40	+100 0	+160 0	+250 0	+390 0	+10 −6	+14 −11	+24 −15	±0.75	±1.25	±2	±3.5	±5.5	±8
40	50													
50	65	+120 0	+190 0	+300 0	+460 0	+13 −6	+18 −12	+28 −18	±1	±1.5	±2.5	±4	±6.5	±9.5
65	80													
80	100	+140 0	+220 0	+350 0	+540 0	+16 −6	+22 −13	+34 −20	±1.25	±2	±3	±5	±7.5	±11
100	120													
120	140	+160 0	+250 0	+400 0	+630 0	+18 −7	+26 −14	+41 −22	±1.75	±2.5	±4	±6	±9	±12.5
140	160													
160	180													
180	200	+185 0	+290 0	+460 0	+720 0	+22 −7	+30 −16	+47 −25	±2.25	±3.5	±5	±7	±10	±14.5
200	225													
225	250													
250	280	+210 0	+320 0	+520 0	+810 0	+25 −7	+36 −16	+55 −26	±3	±4	±6	±8	±11.5	±16
280	315													
315	355	+230 0	+360 0	+570 0	+890 0	+29 −7	+39 −18	+60 −29	±3.5	±4.5	±6.5	±9	±12.5	±18
355	400													
400	450	+250 0	+400 0	+630 0	+970 0	+33 −7	+43 −20	+66 −31	±4	±5	±7.5	±10	±13.5	±20
450	500													

续表

公称尺寸 /mm		公差带												
		JS							K					M
		公差等级												
大于	至	7	8	9	10	11	12	13	4	5	6	7	8	4
—	3	±5	±7	±12	±20	±30	±50	±70	0 -3	0 -14	0 -6	0 -10	0 -14	-2 -5
3	6	±6	±9	±15	±24	±37	±60	±90	+0.5 -3.5	0 -5	+2 -6	+3 -9	+5 -13	-2.5 -6.5
6	10	±7	±11	±18	±29	±45	±75	±110	+0.5 -3.5	+1 -5	+2 -7	+5 -10	+6 -16	-4.5 -8.5
10	14	±9	±13	±21	±35	±55	±90	±135	+1 -4	+2 -6	+2 -9	+6 -12	+8 -19	-5 -10
14	18													
18	24	±10	±16	±26	±42	±65	±105	±165	0 -6	+1 -8	+2 -11	+6 -15	+10 -23	-6 -12
24	30													
30	40	±12	±19	±31	±50	±80	±125	±195	+1 -6	+2 -9	+3 -13	+7 -18	+12 -27	-6 -13
40	50													
50	65	±15	±23	±37	±60	±95	±150	±230	+1 -7	+3 -10	+4 -15	+9 -21	+14 -32	-8 -16
65	80													
80	100	±17	±27	±43	±70	±110	±175	±270	+1 -9	+2 -13	+4 -18	+10 -25	+16 -38	-9 -19
100	120													
120	140	±20	±31	±50	±80	±125	±200	±315	+1 -11	+3 -15	+4 -21	+12 -28	+20 -43	-11 -23
140	160													
160	180													
180	200	±23	±36	±57	±92	±145	±230	±360	0 -14	+2 -18	+5 -24	+13 -33	+22 -50	-13 -27
200	225													
225	250													
250	280	±26	±40	±65	±105	±160	±260	±405	0 -16	+3 -20	+5 -27	+16 -36	+25 -56	-16 -32
280	315													
315	355	±28	±44	±70	±115	±180	±285	±445	+1 -17	+3 -22	+7 -29	+17 -40	+28 -61	-16 -34
355	400													
400	450	±31	±48	±77	±125	±200	±315	±485	0 -20	+2 -25	+8 -32	+18 -45	+29 -68	-18 -38
450	500													

续表

公称尺寸 /mm		公差带											
		M				N					P			
		公差等级												
大于	至	5	6	7	8	5	6	7	8	9	5	6	7	8
—	3	−2 −6	−2 −8	−2 −12	−2 −16	−4 −8	−4 −10	−4 −14	−4 −18	−4 −29	−6 −10	−6 −12	−6 −16	−6 −20
3	6	−3 −8	−1 −9	0 −12	+2 −16	−7 −12	−5 −13	−4 −16	−2 −20	0 −30	−11 −16	−9 −17	−8 −20	−12 −30
6	10	−4 −10	−3 −12	0 −15	+1 −21	−8 −14	−7 −16	−4 −19	−3 −25	0 −36	−13 −19	−12 −21	−9 −24	−15 −37
10	14	−4 −12	−4 −15	0 −18	+2 −25	−9 −17	−9 −20	−5 −23	−3 −30	0 −43	−15 −23	−15 −26	−11 −29	−18 −45
14	18													
18	24	−5 −14	−4 −17	0 −21	+4 −29	−12 −21	−11 −24	−7 −28	−3 −36	0 −52	−19 −28	−18 −31	−14 −35	−22 −55
24	30													
30	40	−5 −16	−4 −20	0 −25	+5 −34	−13 −24	−12 −28	−8 −33	−3 −42	0 −62	−22 −33	−21 −37	−17 −42	−26 −65
40	50													
50	65	−6 −19	−5 −24	0 −30	+5 +41	−15 −28	−14 −33	−9 −39	−4 −50	0 −74	−27 −40	−26 −45	−21 −51	−32 −78
65	80													
80	100	−8 −23	−6 −28	0 −35	+6 −48	−18 −33	−16 −38	−10 −45	−4 −58	0 −87	−32 −47	−30 −52	−24 −59	−37 −91
100	120													
120	140	−9 −27	−8 −33	0 −40	+8 −55	−21 −39	−20 −45	−12 −52	−4 −67	0 −100	−37 −55	−36 −61	−28 −68	−43 −106
140	160													
160	180													
180	200	−11 −31	−8 −37	0 −46	+9 −63	−25 −45	−22 −51	−14 −60	−5 −77	0 −115	−44 −64	−41 −70	−33 −79	−50 −122
200	225													
225	250													
250	280	−13 −36	−9 −41	0 −52	+9 −72	−27 −50	−25 −57	−14 −66	−5 −86	0 −130	−49 −72	−47 −79	−36 −88	−56 −137
280	315													
315	355	−14 −39	−10 −46	0 −57	+11 −78	−30 −55	−26 −62	−16 −73	−5 94	0 −140	−55 −80	−51 −87	−41 −98	−62 −151
355	400													
400	450	−16 −43	−10 −50	0 −63	+11 −86	−33 −60	−27 −67	−17 −80	−6 −103	0 −155	−61 −88	−55 −95	−45 −108	−68 −165
450	500													

续表

公称尺寸/mm		公差带												
大于	至	P	R				S				T			U
		公差等级												
		9	5	6	7	8	5	6	7	8	6	7	8	6
—	3	-6/-31	-10/-14	-10/-16	-10/-20	-10/-24	-14/-18	-14/-20	-14/-24	-14/-28	—	—	—	-18/-24
3	6	-12/-42	-14/-19	-12/-20	-11/-23	-15/-33	-18/-23	-16/-24	-15/-27	-19/-37	—	—	—	-20/-28
6	10	-15/-51	-17/-23	-16/-25	-13/-28	-19/-41	-21/-27	-20/-29	-17/-32	-23/-45	—	—	—	-25/-34
10	14	-18/-61	-20/-28	-20/-31	-16/-34	-23/-50	-25/-33	-25/-36	-21/-39	-28/-55	—	—	—	-30/-41
14	18	-18/-61	-20/-28	-20/-31	-16/-34	-23/-50	-25/-33	-25/-36	-21/-39	-28/-55	—	—	—	-30/-41
18	24	-22/-74	-25/-34	-24/-37	-20/-41	-28/-61	-32/-41	-31/-44	-27/-48	-35/-68	—	—	—	-37/-50
24	30	-22/-74	-25/-34	-24/-37	-20/-41	-28/-61	-32/-41	-31/-44	-27/-48	-35/-68	-37/-50	-33/-54	-41/-74	-44/-57
30	40	-26/-88	-30/-41	-29/-45	-25/-50	-34/-73	-39/-50	-38/-54	-34/-59	-43/-82	-43/-59	-39/-64	-48/-87	-55/-71
40	50	-26/-88	-30/-41	-29/-45	-25/-50	-34/-73	-39/-50	-38/-54	-34/-59	-43/-82	-49/-65	-45/-70	-54/-93	-65/-81
50	65	-32/-106	-36/-49	-35/-54	-30/-60	-41/-87	-48/-61	-47/-66	-42/-72	-53/-99	-60/-79	-55/-85	-66/-112	-81/-100
65	80	-32/-106	-38/-51	-37/-56	-32/-62	-43/-89	-54/-67	-53/-72	-48/-78	-59/-105	-69/-88	-64/-94	-75/-121	-96/-115
80	100	-37/-124	-46/-61	-44/-66	-38/-73	-51/-105	-66/-81	-64/-86	-58/-93	-71/-125	-84/-106	-78/-113	-91/-145	-117/-139
100	120	-37/-124	-49/-64	-47/-69	-41/-76	-54/-108	-74/-89	-72/-94	-66/-101	-79/-133	-97/-119	-91/-126	-104/-158	-137/-159
120	140	-43/-143	-57/-75	-56/-81	-48/-88	-63/-126	-86/-104	-85/-110	-77/-117	-92/-155	-115/-140	-107/-147	-122/-185	-163/-188
140	160	-43/-143	-59/-77	-58/-83	-50/-90	-65/-128	-94/-112	-93/-118	-85/-125	-100/-163	-127/-152	-119/-159	-134/-197	-183/-208
160	180	-43/-143	-62/-80	-61/-86	-53/-93	-68/-131	-102/-120	-101/-126	-93/-133	-108/-171	-139/-164	-131/-171	-146/-209	-203/-228
180	200	-50/-165	-71/-91	-68/-97	-60/-106	-77/-149	-116/-136	-113/-142	-105/-151	-122/-194	-157/-186	-149/-195	-166/-238	-227/-256
200	225	-50/-165	-74/-94	-71/-100	-63/-109	-80/-152	-124/-144	-121/-150	-113/-159	-130/-202	-171/-200	-163/-209	-180/-252	-249/-278
225	250	-50/-165	-78/-98	-75/-104	-67/-113	-84/-156	-134/-154	-131/-160	-123/-169	-140/-212	-187/-216	-179/-225	-196/-268	-275/-304
250	280	-56/-186	-87/-110	-85/-117	-74/-126	-94/-175	-151/-174	-149/-181	-138/-190	-158/-239	-209/-241	-198/-250	-218/-299	-306/-338
280	315	-56/-186	-91/-114	-89/-121	-78/-130	-98/-179	-163/-186	-161/-193	-150/-202	-170/-251	-231/-263	-220/-272	-240/-321	-341/-373
315	355	-62/-202	-101/-126	-97/-133	-87/-144	-108/-197	-183/-208	-179/-215	-169/-226	-190/-279	-257/-293	-247/-304	-268/-357	-379/-415
355	400	-62/-202	-107/-132	-103/-139	-93/-150	-114/-203	-201/-226	-197/-233	-187/-244	-208/-297	-283/-319	-273/-330	-294/-283	-424/-460
400	450	-68/-223	-119/-146	-113/-153	-103/-166	-126/-223	-225/-252	-219/-259	-209/-272	-232/-329	-317/-357	-307/-370	-330/-427	-477/-517
450	500	-68/-223	-125/-152	-119/-159	-109/-172	-132/-229	-245/-272	-239/-279	-229/-292	-252/-349	-347/-387	-337/-400	-360/-457	-527/-567

续表

公称尺寸/mm 大于	至	U 7	U 8	V 6	V 7	V 8	X 6	X 7	X 8	Y 6	Y 7	Y 8	Z 6	Z 7	Z 8
—	3	-18 / -28	-18 / -32	—	—	—	-20 / -26	-20 / -30	-20 / -34	—	—	—	-26 / -32	-26 / -36	-26 / -40
3	6	-19 / -31	-23 / -41	—	—	—	-25 / -33	-24 / -36	-28 / -46	—	—	—	-32 / -40	-31 / -43	-35 / -53
6	10	-22 / -37	-28 / -50	—	—	—	-31 / -40	-28 / -43	-34 / -56	—	—	—	-39 / -48	-36 / -51	-42 / -64
10	14	-26 / -44	-33 / -60	—	—	—	-37 / -48	-33 / -51	-40 / -67	—	—	—	-47 / -58	-43 / -61	-50 / -77
14	18	(同上)	(同上)	-36 / -47	-32 / -50	-39 / -66	-42 / -53	-38 / -56	-45 / -72	—	—	—	-57 / -68	-53 / -71	-60 / -87
18	24	-33 / -54	-41 / -74	-43 / -56	-39 / -60	-47 / -80	-50 / -63	-46 / -67	-54 / -87	-59 / -72	-55 / -76	-63 / -96	-69 / -82	-65 / -86	-73 / -106
24	30	-40 / -61	-48 / -81	-51 / -64	-47 / -68	-55 / -88	-60 / -73	-56 / -77	-64 / -97	-71 / -84	-67 / -88	-75 / -108	-84 / -97	-80 / -101	-88 / -121
30	40	-51 / -76	-60 / -99	-63 / -79	-59 / -84	-68 / -107	-75 / -91	-71 / -96	-80 / -119	-89 / -105	-85 / -110	-94 / -133	-107 / -123	-103 / -128	-112 / -151
40	50	-61 / -86	-70 / -109	-76 / -92	-72 / -97	-81 / -120	-92 / -108	-88 / -113	-97 / -136	-109 / -125	-105 / -130	-114 / -153	-131 / -147	-127 / -152	-136 / -175
50	65	-76 / -106	-87 / -133	-96 / -115	-91 / -121	-102 / -148	-116 / -135	-111 / -141	-122 / -168	-138 / -157	-133 / -163	-144 / -190	-166 / -185	-161 / -191	-172 / -218
65	80	-91 / -121	-102 / -148	-114 / -133	-109 / -139	-120 / -166	-140 / -159	-135 / -165	-146 / -192	-168 / -187	-163 / -193	-174 / -220	-204 / -223	-199 / -229	-210 / -256
80	100	-111 / -146	-124 / -178	-139 / -161	-133 / -168	-146 / -200	-171 / -193	-165 / -200	-178 / -232	-207 / -229	-201 / -236	-214 / -268	-251 / -273	-245 / -280	-258 / -312
100	120	-131 / -166	-144 / -198	-165 / -187	-159 / -194	-172 / -226	-203 / -225	-197 / -232	-210 / -264	-247 / -269	-241 / -276	-254 / -308	-303 / -325	-297 / -332	-310 / -364
120	140	-155 / -195	-170 / -233	-195 / -220	-187 / -227	-202 / -265	-241 / -266	-233 / -273	-248 / -311	-293 / -318	-285 / -325	-300 / -363	-358 / -383	-350 / -390	-365 / -428
140	160	-175 / -215	-190 / -253	-221 / -246	-213 / -253	-228 / -291	-273 / -298	-265 / -305	-280 / -343	-333 / -358	-325 / -365	-340 / -403	-408 / -433	-400 / -440	-415 / -478
160	180	-195 / -235	-210 / -273	-245 / -270	-237 / -277	-252 / -315	-303 / -328	-295 / -335	-310 / -373	-373 / -398	-365 / -405	-380 / -443	-458 / -483	-450 / -490	-465 / -528
180	200	-219 / -265	-236 / -308	-275 / -304	-267 / -313	-284 / -356	-341 / -370	-333 / -379	-350 / -422	-416 / -445	-408 / -454	-425 / -497	-511 / -540	-503 / -549	-520 / -592
200	225	-241 / -287	-258 / -330	-301 / -330	-293 / -339	-310 / -382	-376 / -405	-368 / -414	-385 / -457	-461 / -490	-453 / -499	-470 / -542	-566 / -595	-558 / -604	-575 / -647
225	250	-267 / -313	-284 / -356	-331 / -360	-323 / -369	-340 / -412	-416 / -445	-408 / -454	-425 / -497	-511 / -540	-503 / -549	-520 / -592	-631 / -660	-623 / -669	-640 / -712
250	280	-295 / -347	-315 / -396	-376 / -408	-365 / -417	-385 / -466	-466 / -498	-455 / -507	-475 / -556	-571 / -603	-560 / -612	-580 / -661	-701 / -733	-690 / -742	-710 / -791
280	315	-330 / -382	-350 / -431	-416 / -448	-405 / -457	-425 / -506	-516 / -548	-505 / -557	-525 / -606	-641 / -673	-630 / -682	-650 / -731	-781 / -813	-770 / -822	-790 / -871
315	355	-369 / -426	-390 / -479	-464 / -500	-454 / -511	-475 / -564	-579 / -615	-560 / -626	-590 / -679	-719 / -755	-709 / -766	-730 / -819	-889 / -925	-879 / -936	-900 / -989
355	400	-414 / -471	-435 / -524	-519 / -555	-509 / -566	-530 / -619	-649 / -685	-639 / -696	-660 / -749	-809 / -845	-799 / -856	-820 / -909	-989 / -1 025	-979 / -1 036	-1 000 / -1 089
400	450	-467 / -530	-490 / -587	-582 / -622	-572 / -635	-595 / -692	-727 / -767	-717 / -780	-740 / -837	-907 / -947	-897 / -969	-920 / -1 017	-1 087 / -1 127	-1 077 / -1 140	-1 100 / -1 197
450	500	-517 / -580	-540 / -637	-647 / -687	-637 / -700	-660 / -757	-807 / -847	-797 / -860	-820 / -917	-987 / -1 027	-977 / -1 040	-1 000 / -1 097	-1 237 / -1 277	-1 227 / -1 290	-1 250 / -1 347

注：1. 公称尺寸小于 1 mm 时，各级的 A 和 B 均不采用。
　　2. 当公称尺寸在 250～315 mm 时，M6 的 ES 等于 -9（不等于 -11）。
　　3. 公称尺寸小于 1 mm 时，大于 IT8 的 N 不采用。

附表 14　六角头螺栓　　　　　　　　　　　　　　　　　　　mm

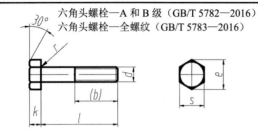

六角头螺栓—A 和 B 级（GB/T 5782—2016）
六角头螺栓—全螺纹（GB/T 5783—2016）

标记示例

螺纹规格 d=M12、公称长度 l=80 mm、性能等级为 8.8 级、表面氧化、A 级的六角头螺栓：

螺栓 GB/T 5782 M12×80

螺纹规格 d		M3	M4	M5	M6	M8	M10	M12	(M14)	M16	(M18)	M20	(M22)	M24	(M27)	M30	M36
s		5.5	7	8	10	13	16	18	21	24	27	30	34	36	41	46	55
k		2	2.8	3.5	4	5.3	6.4	7.5	8.8	10	11.5	12.5	14	15	17	18.7	22.5
r		0.1	0.2	0.2	0.25	0.4	0.4	0.6	0.6	0.6	0.6	0.6	1	0.8	1	1	1
e	A	6.01	7.66	8.79	11.05	14.38	17.77	20.03	23.36	26.75	30.14	33.53	37.72	39.98	—	—	—
	B	5.88	7.50	8.63	10.89	14.20	17.59	19.85	22.78	26.17	29.56	32.95	37.29	39.55	45.20	50.85	51.11
(b) GB/T 5782	l≤125	12	14	16	18	22	26	30	34	38	42	46	50	54	60	66	—
	125<l≤200	18	20	22	24	28	32	36	40	44	48	52	56	60	66	72	84
	l>200	31	33	35	37	41	45	49	53	57	61	65	69	73	79	85	97
l 范围（GB/T 5782）		20~30	25~40	25~50	30~60	40~80	45~100	50~120	60~140	65~160	70~180	80~200	90~220	90~240	100~260	110~300	140~360
l 范围（GB/T 5783）		6~30	8~40	10~50	12~60	16~80	20~100	25~120	30~140	30~150	35~150	40~150	45~150	50~150	55~150	60~200	70~200
l 系列		6、8、10、12、16、20、25、30、35、40、45、50、55、60、65、70、80、90、100、110、120、130、140、150、160、180、200、220、240、260、280、300、320、340、360、380、400、420、440、460、480、500															

附表 15　1 型六角螺母（GB/T 6170—2015）　　　　　　　　mm

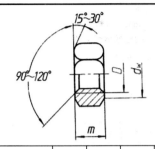 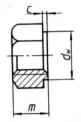 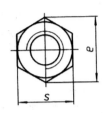

标记示例
螺纹规格 D=M12、性能等级为8级、不经表面处理、产品等级为 A 级的1型六角螺母：
螺母　GB/T 6170　M12

螺纹规格 D		M3	M4	M5	M6	M8	M10	M12	M16	M20	M24	M30	M36
e	min	6.01	7.66	8.79	11.05	14.38	17.77	20.03	26.75	32.95	39.55	50.85	60.79
s	max	5.5	7	8	10	13	16	18	24	30	36	46	55
	min	5.32	6.78	7.78	9.78	12.73	15.73	17.73	23.67	29.16	35	45	53.8
c	max	0.4	0.4	0.5	0.5	0.6	0.6	0.6	0.8	0.8	0.8	0.8	0.8
d_w	max	4.6	5.9	6.9	8.9	11.6	14.6	16.6	22.5	27.7	33.2	42.7	51.1
	min	3.45	4.6	5.75	6.75	8.75	10.8	13	17.3	21.6	25.9	32.4	38.9
m	max	2.4	3.2	4.7	5.2	6.8	8.4	10.8	14.8	18	21.5	25.6	31
	min	2.15	2.9	4.4	4.9	6.44	8.04	10.37	14.1	16.9	20.2	24.3	29.4

参 考 文 献

[1] 全国技术产品文件标准化技术委员会，中国标准出版社. 技术产品文件标准汇编：机械制图卷[G]. 北京：中国标准出版社，2007.

[2] 果连成. 机械制图[M]. 7 版. 北京：中国劳动社会保障出版社，2018.

[3] 杨可桢. 机械设计基础[M]. 7 版. 北京：高等教育出版社，2020.

[4] 徐茂功. 极限配合与技术测量[M]. 北京：机械工业出版社，2015.

[5] 王英杰. 金属工艺学[M]. 2 版. 北京：机械工业出版社，2017.